T0254340

Springer

Berlin
Heidelberg
New York
Barcelona
Budapest
Hong Kong
London
Mailand
Paris
Tokyo

D. Powell

Interpretation geologischer Strukturen durch Karten

Eine praktische Anleitung mit Aufgaben und Lösungen

Übersetzt von Th. Reimer

Mit 114 Abbildungen

 Springer

Prof. Dr. Derek Powell
Department of Geology
Royal Holloway and Bedford New College
University of London
London, England

Übersetzer:
Dr. Thomas Reimer
Bernhard-May-Straße 43
65203 Wiesbaden

Titel der englischen Originalausgabe:
"Interpretation of Geological Structures Through Maps:
An Introductory Practical Manual"
© Longman Group UK Ltd. 1992

ISBN 3-540-58607-5 Springer-Verlag Berlin Heidelberg New York

Datenkonvertierung: Text & Grafik GmbH, Heidelberg
Einbandgestaltung: meta Design, Berlin
SPIN 10424125 32/3136 – 5 4 3 2 1 0 – Gedruckt auf säurefreiem Papier

Vorwort

So wie uns topographische Karten und Straßen- oder Eisenbahnkarten Hinweise auf die Art der Landoberfläche und die Lage der von Menschen erstellten Bauwerke liefern, enthalten geologische Karten Informationen, die uns ein Verständnis der die Erdkruste aufbauenden Gesteine sowie der Anordnung der in ihnen enthaltenen Strukturen ermöglichen. Im Gegensatz zu den üblichen Karten enthalten geologische Karten jedoch auch Hinweise, mit denen wir nicht nur die Lage bestimmter Gesteinsarten und der von ihnen aufgebauten Gebiete beurteilen können, sondern auch ihre Fortsetzung in der Tiefe und ihre geologische Geschichte.

Geologen entwerfen geologische Karten nach ihren Beobachtungen der an der Erdoberfläche, in Bohrlöchern oder in Bergwerken angetroffenen Gesteine, die sie auf topographische Karten und/oder Luftbildern eintragen. Dabei vermerken sie die Lage von Kontakten zwischen verschiedenen Gesteinsarten und messen ihre Lagerung und die anderer planarer und linearer Strukturen in diesen Gesteinen ein. Ausgehend von solchen Informationen können Geologen dann die Form der Gesteinsformationen in der Tiefe voraussagen, und dabei kann es sich manchmal auch um Formationen handeln, die Gold, Öl oder Gas usw. enthalten.

Obwohl geologische Karten zunächst nur zweidimensionale Darstellungen sind, ermöglicht uns die Fähigkeit, sie zu interpretieren, das Verständnis der Erstreckung der in ihnen enthaltenen geologischen Strukturen in allen drei Dimensionen, d.h. unter der Oberfläche und oberhalb davon, bevor sie auf ihre heutige Position abgetragen wurden. Die Fähigkeit, geologische Karten solchermaßen erfolgreich einzusetzen, beruht nicht nur auf der Interpretation direkter Messungen der Lage planarer und linearer Strukturen, sondern auch auf dem Verständnis der Verhältnisse zwischen der Form von Gesteinskörpern, wie sie sich auf der Karte darstellen, und der Form der Erdoberfläche, d.h. der Topographie des entsprechenden Gebietes.

Die Interpretation von Karten ist für alle diejenigen von vitalem Interesse, die geologische Prozesse in ihrer Gesamtheit verstehen wollen, sie stellt jedoch für viele Studenten sowie auch für manchen geologischen Praktiker ein Problem dar. Dies erklärt sich daraus, daß man sich hierzu ein dreidimensionales Bild im Geiste erarbeiten und dann zu Papier bringen muß, wozu man allerdings nur Daten aus den beiden Dimensionen einer geologischen Karte zur Verfügung hat. Mit einer solchen Aufgabe ist man in nur wenigen anderen Fächern konfrontiert. Einige können diese Fähigkeit schnell erlangen, aber für die meisten von uns bedarf es einer längeren Anlaufzeit, und wirkliche Meisterschaft kommt erst mit fortlaufender Übung. Das vorliegende Handbuch will daher versuchen, dem Leser die grundlegenden Probleme und Techniken ermessen zu lassen, die bei der Entschlüsselung der geologischen Struktur eines Gebietes aus den in Kartenform präsentierten Daten auftreten können bzw. dazu erforderlich sind. Außerdem versucht das Buch dadurch, daß es einige analytische

Probleme durch den Einsatz von Strukturlinien vertieft, den Leser dazu zu bringen, seine Fähigkeit, dreidimensionale Daten zu verarbeiten, weiterzuentwickeln.

Einige Geologiedozenten lehnen den Einsatz von Strukturlinien als Einführung zur Interpretation geologischer Karten mit der Begründung ab, daß sie 1. leicht unrealistisch werden und 2. bei der Interpretation „wirklicher" Karten nur selten angewandt werden. Der erste Punkt trifft bei einigen Büchern über Karteninterpretationen sicherlich zu, aber ihre Anwendung stellt immer noch die einzige deutliche und am wenigsten qualitative Methode zur Einführung in die dreidimensionale Problemstellung dar, die bei der Interpretation von Karten auftreten können. Der zweite Punkt trifft nicht zu, denn Strukturlinien und ihre Ableitungsprodukte werden in der Ölindustrie und im Bergbau sowie auch im akademischen Forschungsbereich auf breiter Basis genutzt.

Dieses Handbuch bietet eine grundlegende Anweisung zusammen mit Übungen, die 1. zur Entwicklung der Fähigkeiten zur dreidimensionalen Analyse anregen sollen und 2. einige der einfachsten Techniken und Probleme illustrieren sollen, die bei der dreidimensionalen Analyse geologischer Karten auftreten können. Es legt besonderen Wert auf die Geometrie von Gesteinskörpern und Strukturen sowie auf ihr gegenseitiges zeitliches Verhältnis. Es soll in keiner Weise ein Nachschlagewerk für alle bei der Kartenanalyse eingesetzten Techniken oder für alle Arten von Strukturen darstellen, sondern eine Sammlung von Erläuterungen, Beispielen und Übungen sein, mit Hilfe derer ein Geologiestudent ein dreidimensionales Vorstellungsvermögen entwickeln und sich schnell eine dreidimensionale Vorstellung der auf geologischen Karten dargestellten Information verschaffen kann.

Für jede Übungsaufgabe dieses Buches findet sich in Kapitel 15 die Auflösung zusammen mit den entsprechenden Erläuterungen. Damit können Sie ihre eigene Analyse überprüfen und erfassen, ob Sie ein volles Verständnis für die gestellte Problematik, die entsprechenden Verfahren und die möglichen Interpretationen entwickelt haben.

Von den Büchern, die sich in jüngster Zeit mit der Interpretation geologischer Karten in mehr allgemeiner Weise als dieses Handbuch beschäftigt haben, können die von Butler und Bell (1988) und Maltmann (1990) empfohlen werden, die allerdings nicht so sehr auf die Geometrie der Strukturen und deren Analyse abheben. Für diejenigen, die sich eine weiterreichende Kenntnis geologischer Strukturen verschaffen wollen, sei auf die hervorragende Einführung von Davis (1984) verwiesen.

London, im Frühjahr 1994   DEREK POWELL

Danksagungen

Ich möchte mich bei den vielen früheren Studenten des Royal Holloway and Bedford New College (University of London) und einer seiner Vorläuferinstitutionen, des Bedford College, bedanken, die mich, ohne daß es ihnen selbst zu Bewußtsein gekommen sein wird, viel über geologische Strukturen und Karteninterpretation gelehrt haben. Doktoranden und Assistenten in meinem eigenen Fach und für praktische Übungen sollen ebenfalls nicht unerwähnt bleiben. Sie gaben Ermutigung und Ratschläge, ohne die dieses Handbuch nicht hätte fertiggestellt werden können.

Meine Frau Pamela hat in der Endphase der Fertigstellung des Manuskriptes große Geduld gezeigt und mir bei der Durchsicht mit nützlichen Hinweisen und Kritik geholfen.

Inhaltsverzeichnis

Inhaltsverzeichnis

1   Einführung in geologische Strukturen

Während ihrer sich über etwa vier Milliarden Jahre erstreckenden Geschichte hat sich die Erdkruste als mehr oder weniger mobil erwiesen. Als Folge davon wurden viele der Gesteine, die wir heute an oder nahe der Erdoberfläche beobachten können — gleich welcher Entstehung sie sind — zusammengepreßt, gedehnt oder zerbrochen, d.h. sie wurden verformt. Es ist daher erforderlich, daß sich alle Geologen der Art und der Auswirkungen der verschiedenen *Strukturen* bewußt sind, die die Verschiebungen der Erdkruste und die Änderungen in der Gestalt der verschiedenen Gesteinskörper ermöglicht haben. Obwohl die Tektonik diejenige Abteilung der Geowissenschaften verkörpert, die sich direkt mit der Beschreibung, Analyse und Entstehung der aus der *Deformation* hervorgehenden Phänomene beschäftigt, ist ein Grundverständnis der Gesteinsstrukturen für alle Studierenden der Geologie von zentraler Bedeutung.

Deformationen entstehen dadurch, daß sich weite Teile der Erde unter den Ozeanen und Kontinenten, die sogenannten Lithosphärenplatten, gegeneinander während des größten Teils der geologischen Vergangenheit — wenn nicht sogar während der gesamten Erdgeschichte — bewegt haben. Diese Relativbewegungen erstreckten sich über Entfernungen von mehreren hundert bis tausend Kilometern mit Geschwindigkeiten von bis zu 12 cm/Jahr, so daß in einigen Fällen z.B. Gebiete von Kontinentgröße aus polaren Regionen bis zum Äquator und sogar darüber hinaus wanderten. Heute, wie auch in der Vergangenheit, führen solche Bewegungen zu Erdbebenaktivitäten, wo Platten miteinander kollidieren, sich aneinander vorbeibewegen oder auseinander gerissen werden. Obwohl verhältnismäßig langsam, dauern die Plattenbewegungen aber über Jahrmillionen an und führen zu *Spannungen*, die sowohl zu allgemeinem *Zusammenschub* führen, wo die Platten zusammenstoßen, als auch zu allgemeiner *Dehnung*, wo sie gedehnt werden oder auseinanderreißen. Die Gesteine der Kruste reagieren auf solche Spannungen durch Formveränderungen (*Verformungen*), bei denen über Entfernungen von Hunderten von Kilometern bis in den submikroskopischen Bereich hinunter verschiedene Arten von *geologischen Strukturen* entstehen, die die Art der stattgefundenen Deformationen widerspiegeln. Solche Strukturen können großräumig übergreifend sein, wenn die Gesteine bei der Verformung durch Fließen reagieren, oder auf bestimmte Deformationszonen beschränkt sein. Wenn Gesteine spröde sind, werden sie zerbrechen, sobald die Spannung ihre Bruchfestigkeit übersteigt. Abbildung 1 zeigt drei der Hauptstrukturtypen, die durch Zusammenschub verursacht werden. Hieraus wird erkennbar, daß Gesteine als Folge gerichteter Schubspannungen entlang von Verwerfungen zerbrechen oder gefaltet werden können. Durch Formänderungen der sie aufbauenden Körner und Kristalle können sie durch Auflösung von Material bei gleichzeitiger Bildung neuer Kristalle einer generellen homogenen Formänderung

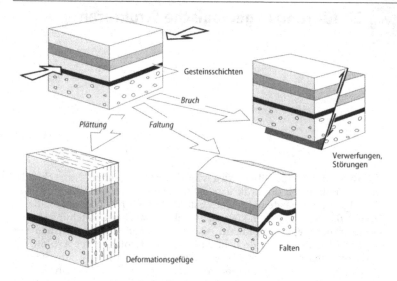

Gesteinsschichten

Bruch

Plättung

Faltung

Verwerfungen, Störungen

Deformationsgefüge

Falten

Abb. 1. Grundtypen geologischer Strukturen

unterliegen, die zur Ausbildung planarer Texturen führt, die mit dem allgemeinen Terminus Schieferung bezeichnet werden.

Als Folge der Plattenbewegungen sind die meisten Gesteine der Erdkruste in gewissem Umfang bereits deformiert worden, oder sie werden von diesen Vorgängen noch erfaßt werden. Daher brauchen wir ein Verständnis der Eigenarten, der Entstehung und der Aussagekraft dieser Strukturen, wenn wir die geologischen Prozesse als Einheit sowie die Erdgeschichte der vergangenen vier Milliarden Jahre verstehen wollen. So sind zum Beispiel alle größeren Gebirgszüge der Erde das Ergebnis komplexer Kombinationen von Dehnung und Kollision verschiedener Platten, und sie enthalten daher unter anderem Strukturen wie z.B. Falten und Verwerfungen, die die Art der erlittenen Verformung und die Geschichte ihrer Deformation widerspiegeln.

Wir beschäftigen uns daher mit der Art und der Orientierung der in der Vergangenheit wirksamen Spannungssysteme und mit Verformungsprodukten wie z.B. Falten und Verwerfungen sowie mit planaren und linearen Gesteinstexturen, die die Reaktion der Gesteine auf diese Spannungen darstellen. Wir benötigen daher eine Vorstellung von der Geometrie und Aussagekraft von bestimmten Gesteinsstrukturen sowie der klein- und großräumigen Prozesse, die sie verursachen.

Das grundlegende Werkzeug eines Geologen ist die *geologische Karte*. Auf ihr sind die Verteilung der verschiedenen Gesteinstypen und ihre Kontakte, die Lagerung des internen Lagenbaus und der Grenzflächen sowie die in ihnen ausgebildeten Deformationsstrukturen dargestellt. Die geologische Karte liefert Informationen, aus denen wir sowohl die untertägige Erstreckung der an der Oberfläche erkennbaren geologischen Strukturen extrapolieren können als auch ihren ursprünglichen Verlauf über der Erdoberfläche vor Einsetzen der Erosion. Durch geometrische dreidimensionale Analyse der Form und Lagerung geologischer Elemente und ihres gegenseitigen Verhältnisses können wir uns nicht nur ein Verständnis der vorliegenden geologischen Phänomene erarbeiten, sondern auch, im Falle der Strukturen, der sie auslösenden Spannungssysteme. Wir können außerdem die Entwicklung der verschiedenen Gesteinstypen und der geologischen Elemente und Strukturen in einen Zeitrahmen bringen, der uns die Ableitung der geologischen Geschichte eines Gebietes und seines tektonischen Umfeldes ermöglicht, d.h., ob es sich um eine gedehnte, zusammengeschobene oder stabile Umgebung handelt oder ob zu verschiedenen Zeiten zwei oder drei dieser Spannungszustände wirksam waren. Eine solche Kenntnis ist nicht nur bei der Beurteilung des wirtschaftlichen Potentials eines Gebietes wie z.B. bei der Suche von Erzlagerstätten, Ölspeichern usw. von Bedeutung, sondern sie hilft uns auch bei der Beurteilung geologischer Prozesse als Ganzes und ermöglicht es uns schließlich, im Zusammenwirken mit geologischen Informationen die Anordnung der Krustenplatten in der Vergangenheit zu rekonstruieren.

2 Planare geologische Flächen

Zur Analyse geologischer Karten müssen wir die Entstehung und die Eigenart der verschiedenen die Erdkruste aufbauenden Gesteinsarten und der darin ausgebildeten planaren und linearen Elemente kennen. Planare und lineare Elemente entstehen im wesentlichen bei den folgenden geologischen Prozessen:

1. Länger andauernde Ablagerung von Sedimenten (unterschiedlicher Zusammensetzung) unter Wasser (im Meer, in Seen oder Flüssen) oder an der Luft (im wesentlichen in Wüsten oder Glazialgebieten) — *Schichtflächen, Diskordanzen* (s. Abb. 2 und 3);
2. die Intrusion schmelzflüssiger Gesteine und ihre Erstarrung — *Kontakte* magmatischer Intrusionen wie z. B. *Gänge, Lagergänge* usw. (s. Abb. 2 und 6);
3. Die Extrusion schmelzflüssiger Gesteine an der Erdoberfläche in Form von vulkanischen Laven und Aschen — *Kontakte* zwischen *Lavaströmen, innere Fließtexturen, Schichtflächen in Aschen* usw. (s. Abb. 6);
4. die Deformation von Gesteinen — *Verfaltung von Schichtflächen, Deformationstexturen* wie z.B. Schieferung, Verwerfungen und *Kluftflächen* (s. Abb. 4 und 5).

2.1 Durch Erosion und Sedimentation entstehende planare Flächen

In Abb. 2 A ist die Geologie eines Kontinentalrandes dargestellt, entlang dem Material der kontinentalen Kruste — bestehend aus einem alten, von magmatischen Gesteinen intrudierten Basementkomplex — zusammen mit einer älteren verkippten Sedimentfolge von neuen Sedimenten überdeckt wird. Beachten Sie, daß der Kontakt der neuen Sedimente mit den älteren Gesteinen diskordant zu den Kontakten zwischen den verschiedenen Elementen im älteren Komplex verläuft und diese daher kappt. Solche planaren diskordanten Kontakte, die durch Erosion und Sedimentation entstehen, werden *Diskordanzen* genannt. Im Laufe der Zeit werden in Folge eines Anstiegs des Meeresspiegels und der Abtragung der Landoberfläche das Meer und die in ihm abgelagerten neuen Sedimente auf die kontinentale Kruste übergreifen oder transgredieren (Abb. 2 B). Unterschiedliche Sedimentgesteine in der Abbildung werden durch unterschiedliche Signaturen angedeutet, deren Kontakte untereinander weitere bedeutende planare, als *Schichtflächen* bezeichnete Flächenelemente darstellen. Beachten Sie, daß zunehmend jüngere Gesteine auf den älteren abgelagert werden: c auf b auf a.

Diskordanzen stellen bedeutende geologische Fixpunkte für den Ablauf der Zeit dar und außerdem einen Schlüssel zur Feststellung von zyklischen Folgen geologischer Ereignisse während der geologischen Entwicklung eines Gebietes. So fanden die geologischen Prozesse in der

5

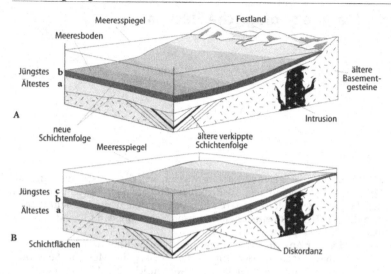

Abb. 2 A, B. Die Entwicklung von Schichtflächen und Diskordanzen

Entwicklung des Basementkomplexes — die Intrusion von magmatischem Material, Ablagerung der darüberlagernden älteren Sedimentabfolge und ihre Verkippung aus der ursprünglichen nahezu horizontalen Lagerung — alle vor der Ablagerung der neuen, diskordant darüberliegenden Sedimentfolge statt. Sie sind somit älter als die Ablagerung der neuen Sedimentfolge. Im Vergleich dazu fanden die in Abb. 4 B dargestellten Faltungen und Verwerfungen nach der Ablagerung der neuen Sedimentfolge statt und repräsentieren damit einen getrennten, wesentlich jüngeren Kreis von Ereignissen.

Diskordanzen können von großer räumlicher Erstreckung sein und Gebiete von mehreren tausend Quadratkilometern erfassen und damit größere Einschnitte in der Erdgeschichte markieren. Andererseits können sie auch nur lokaler Natur sein und damit Beweise für eher begrenzte Änderungen bei geologischen Vorgängen sein. In Abb. 3 A zum Beispiel führte eine Hebung der Erdkruste zu Erosion und zur Bildung von Hügeln und Tälern, in denen Fluß- und Seesedimente diskordant in lokalen Sedimentbecken über einem älteren Basementkomplex abgelagert wurden. Beachten Sie, daß diese Diskordanzen lokaler Natur sind und auf unterschiedlichen Niveaus liegen.

In Abb. 3 B führt Erosion zu einer Verringerung des topographischen Reliefs, und ein Anstieg des Meeresspiegels ließ das Meer auf das Land übergreifen. Marine Sedimente werden diskordant auf der Erosionsfläche abgelagert. Fortschreitende Transgression (Abb. 3 C) läßt die marinen Sedimente weiter auf die Gesteine des älteren Basements und zum Teil sogar auf die Fluß- und Seesedimente übergreifen. Eine bedeutende Diskordanz bildet sich über ein weites Gebiet auf annähernd einheitlichem Niveau. Beachten Sie, daß im gleichen Maße, wie die Transgression vorausschreitet, die jüngeren Sedimente der neuen Sedimentfolge (b) sich weiter ausdehnen als die älteren (a), eine Situation die wir *Überlappung* nennen. In der amerikanischen Literatur finden wir dafür den Terminus „onlap".

Wo wir die relative Zeitabfolge der geologischen Ereignisse feststellen können, sind wir in der Lage, eine sogenannte *stratigraphische*

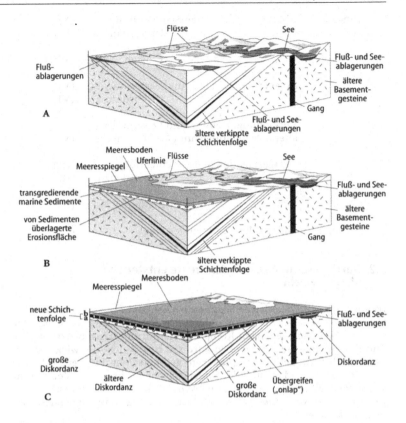

Abb. 3 A–C. Diskordanzen

Abfolge der Bildung der verschiedenen Gesteine eines Gebietes aufzustellen. Die Gesteine in Abb. 3 lassen sich daher in der Abfolge ihres relativen Alters wie folgt einordnen:

Jüngstes:	neue Sedimentfolge
	Diskordanz 3
	See- und Flußablagerungen
	Diskordanz 2
	ältere Sedimentfolge
	Diskordanz 1
Ältestes:	Basementgesteine

Das relative Alter der magmatischen Intrusion ist jedoch nicht genau bekannt. Es muß jünger sein als das der Basementgesteine, in die sie intrudiert, und älter als Diskordanz 2. Das Verhältnis der Intrusion zu den älteren Sedimenten ist aus den Abbildungen nicht ersichtlich, sie könnte älter oder jünger als diese sein.

In der gleichen Weise, in der wir die obige stratigraphische Abfolge abgeleitet haben, könnten wir auch die nachfolgende Zeit-Ereignis-Reihe für das Gebiet aufstellen:

7

Jüngstes:	Ablagerung der neuen Sedimentfolge	(X)
	Diskordanz 3	(IX)
	Erosion	(VIII)
	Ablagerung der Fluß- und Seesedimente	(VII)
	Diskordanz 2	(VI)
	Verkippung, Hebung und Erosion der älteren Schichtfolge und des Basements	(V)
	Ablagerung der älteren Schichtfolge	(IV)
	Diskordanz 1	(III)
	Erosion	(II)
Ältestes:	Bildung der Basementgesteine	(I)

2.2 Durch Zusammenschub der Kruste entstehende planare Flächen

In Abb. 4 A wird das gleiche Sedimentbecken und der Basementkomplex wie in Abb. 2 der Kompression unterworfen, wobei die Gesteine gefaltet, entlang einer flach geneigten Kompressionsstörung transportiert werden und das gesamte Gebiet gehoben wird (Abb. 4 B). Die Entwicklung der Falten führt zu gekrümmt-planaren geologischen Flächen, d.h. der Faltung der Diskordanz und der Schichtflächen, während die Verwerfung selbst ebenfalls gekrümmt-planar ist. Wo die Gesteine nach oben verfaltet werden, bilden sie *Antiklinalen* und dort, wo sie nach unten gefaltet werden, *Synklinalen*.

In Abb. 4 C führt die Hebung zu Erosion, so daß die deformierten Gesteine zunehmend zerschnitten werden. Beachten Sie, daß die Scheitel und Tröge der Falten in Abb. 4 B eine lineare Ausrichtung aufweisen und daß in dem Block als Ganzem *Schnittlinien* zwischen den verschiedenen planaren Elementen ausgebildet sind. Solche Linien finden sich z.B. dort, wo die Schichtflächen der älteren Sedimente gegen die Diskordanz auslaufen, wo die Verwerfungen Schichtflächen und Diskordanzen schneiden usw. Wir werden später zeigen, worin die Bedeutung solcher planaren und linearen Elemente für die Analyse geologischer Karten liegt.

2.3 Durch Krustendehnung entstehende planare Flächen

Wo die Erdkruste von Dehnungsspannungen erfaßt wird, kann sie entlang von planaren *Verwerfungen* zerbrechen, wobei die Einzelbewegungen auf diesen Flächen den Betrag der Dehnung darstellen. So führt in Abb. 5 A Verschiebung auf der Verwerfung zur Dehnung. Beachten Sie auch die dabei entstehende Absenkung. Weitere Dehnung kann durch fortlaufende Bewegungen auf der Verwerfungsfläche ermöglicht werden, üblicherweise bilden sich jedoch weitere Verwerfungen, wie in Abb. 5 B gezeigt. Solche Verwerfungen oder Störungen sind offensichtlich planare Flächen.

Obwohl bei einer Dehnung die Kruste üblicherweise entlang von Verwerfungen zerbricht, begleitet häufig das Eindringen dünner, nahezu

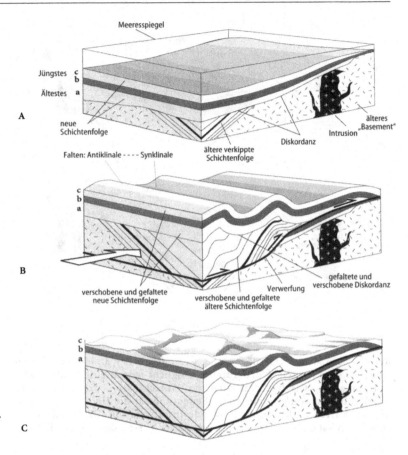

Meeresspiegel

Jüngstes c
b
Ältestes a

A

neue
Schichtenfolge

älteres
„Basement"

Intrusion

Diskordanz

ältere verkippte
Schichtenfolge

Falten: Antiklinale - - - - Synklinale

c
b
a

B

verschobene und gefaltete
neue Schichtenfolge

verschobene und gefaltete
ältere Schichtenfolge

Verwerfung

gefaltete und
verschobene Diskordanz

c
b
a

Abb. 4 A–C. Durch Zusammenschub der Kruste entstehende Strukturen

C

senkrechter Platten oder *Gänge* aus geschmolzenem Gestein in Form paralleler großräumig entwickelter Gangschwärme eine solche Dehnung. Wo diese Gänge die Erdoberfläche erreichen, fördern vulkanische Spalteneruptionen Laven und vulkanische Aschen zu Tage. Abbildung 6 illustriert diese Vorgänge und zeigt, daß in solchen Fällen zusätzlich zu den bisher beschriebenen planaren und linearen Elementen planare Kontakte innerhalb dieser intrusiven und extrusiven magmatischen und vulkanischen Gesteine und an ihrer Außenseite ausgebildet sind sowie lineare Schnittlinien und -kanten zwischen den Gangwänden, Diskordanzen, Schichtflächen usw.

Die vorausgegangene Diskussion zeigt, wie die verschiedenen Arten geologisch definierter planarer Elemente entstehen können. Dabei hängt ihr Erscheinungsbild und das anderer geologischer Merkmale an der Oberfläche und damit auf Karten von einer ganzen Reihe von Faktoren ab. Dazu gehören die Form der geologischen Flächen selbst, die Tiefe der Abtragung, das topographische Relief und die Mächtigkeit der Überdeckung durch Böden und andere Oberflächenablagerungen. Dabei beruht die Herstellung der meisten geologischen Karten auf unvollständigen Primärdaten, d.h. begrenzten direkten Beobachtungen an Gesteins-

9

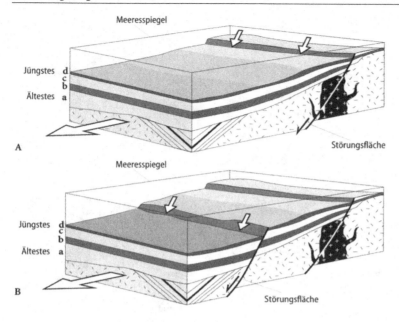

Abb. 5 A, B. Krustendehnung durch Störungen

aufschlüssen an der Oberfläche. Das Verständnis der dreidimensionalen Geometrie geologischer Strukturen ermöglicht jedoch eine kontrollierte Extrapolation zwischen den einzelnen Aufschlüssen, und ein solches Verständnis ist von grundlegender Bedeutung für die Herstellung geologischer Karten und ihre nachfolgende Interpretation. Das vorliegende Handbuch hat es sich zum Ziel gesetzt, dieses Verständnis heranzubilden.

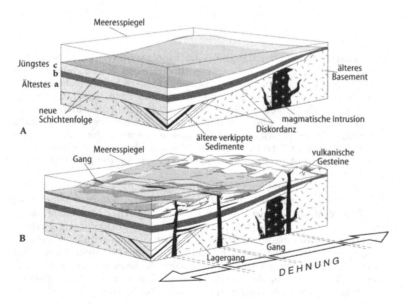

Abb. 6 A, B. Bei Krustendehnung entstehende intrusive und vulkanische Gesteine

Es beschäftigt sich nicht mit der Technik der Kartenherstellung oder all den verschiedenen Verfahren der Karteninterpretation, sondern liefert eine Einführung in die auftretenden dreidimensionalen Probleme und die Möglichkeiten ihrer Analyse. Besonderer Wert wird auf die Geometrie der verschiedenen Strukturen gelegt, aber viele der Überlegungen, die der Interpretation zugrunde liegen, lassen sich auch bei anderen geologischen Phänomenen anwenden.

3 Analyse planarer Flächen

3.1 Strukturlinien

In Karten wird die Form der Oberfläche durch Höhenlinien abgebildet. Es handelt sich dabei um die Schnittlinien imaginärer horizontaler Ebenen einer bestimmten Höhenlage über dem als „Normalnull" (NN) angesehenen Meeresspiegel mit der Erdoberfläche. Der Einfachheit halber sind diese Ebenen in vorgegebenen Abständen voneinander angeordnet, z.B. 10, 25, 50 oder 100 m. Da es sich bei geologischen Strukturen oft ebenfalls um ebene planare oder gekrümmt-planare Flächen handelt, kann deren Form und Lage ebenfalls durch die Konstruktion von Höhenlinien auf ihnen dargestellt werden. Die Abbildungen 7–10 zeigen einige der Grundprinzipien und -techniken zur Ableitung solcher *Strukturlinien*.

In Abb. 7 setzt sich eine Gesteinsschicht in einem bestimmten Winkel unter der Erdoberfläche fort. Sie schneidet die topographische Oberfläche in dem gebogenen, dunkel angelegten Band, dem sogenannten *Ausstrich* der Gesteinsschicht, wobei Verlauf und Form des Ausstrichs von der Neigung der Schicht und der Form der topographischen Oberfläche abhängen. So ist der Ausstrich in einem Tal V-förmig, während der über dem Bergrücken die Form eines kopfstehenden V annimmt. Die Höhe der Landoberfläche über dem als NN angenommenen Meeresspiegel und ihre Form werden durch die Höhenlinien definiert und da letztere den Gesteinsausstrich schneiden, können wir sowohl die Höhen der Unter- als auch der Oberseite der Gesteinsschicht bestimmen. In Abb. 7 liegen die Punkte x, y und z auf der Oberseite der Schicht bei 400 m ü. NN. Da es sich bei ihnen um getrennte Punkte gleicher Höhenlage auf der gleichen geologischen Fläche handelt, definiert eine sie verbindende Linie die 400-m-Strukturlinie auf dieser Fläche. Eine solche Linie ist in Abb. 8 leichter erkennbar, wo die über der Schicht liegenden Gesteine entfernt wurden und die verschiedenen Linien gleicher Höhe (Höhenlinien) auf der Oberseite der Schicht abgebildet sind.

Diese definierten Linien werden als *Strukturlinien* bezeichnet und entsprechen den Höhenlinien, liegen aber im Gegensatz zu diesen nicht auf einer Landoberfläche, sondern auf einer geologischen Fläche. Die Strukturlinien in Abb. 8 sind nur deshalb gerade Linien, weil es sich bei der betreffenden geologischen Oberfläche um eine ebene, aber geneigte Fläche handelt.

In Abb. 9 A ist die Oberseite der in Abb. 7 gezeigten Schicht so dargestellt, wie sie sich erstreckt hat, bevor die Erosion die augenblickliche Landoberfläche formte, während in Abb. 9 B ihre komplette über- und untertägige Erstreckung vor der Erosion dargestellt ist. Wir gelangen zu dieser Folgerung durch die Analyse der geologischen Karte (Abb. 10) des Blockdiagramms.

In Abb. 10 A wurden sämtliche Informationen des Blockdiagramms vertikal nach oben auf eine gedachte Ebene projiziert, um eine Karte zu

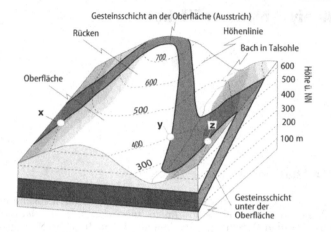

Abb. 7. Blockdiagramm einer geneigten Gesteinsschicht

liefern, die das Gebiet aus der Vogelperspektive darstellt. Hier wie in Abb. 7 und 8 definieren die Punkte **x**, **y** und **z** die Positionen (Kreise), an denen die Oberfläche der Gesteinsschicht bei 400 m ü. NN liegt. Die auf der Karte eingezeichnete Verbindungslinie dieser Punkte stellt die 400-m-Strukturlinie dar. In Abb. 10 B sind die in gleicher Weise abgeleiteten Strukturlinien für 700, 600, 500 und 300 m dargestellt. Sie sind mit einer gestrichelten Linie markiert, wo sie unter der Oberfläche und mit einer durchgehenden Linie, wo sie über der Oberfläche verlaufen. So wie die Höhenlinien Form und Neigung der Landoberfläche beschreiben, zeigen die Strukturlinien Lage und Lagerung geologischer Flächen über und unter der Oberfläche an. Der parallele Verlauf und die gleichmäßigen Abstände der Strukturlinien zeigen, daß es sich bei der Oberseite der Schicht um eine ebene, jedoch geneigte Fläche handelt, und ihre Höhenabnahme in Richtung der unteren Seite der Karte bedeutet, daß die Fläche in diese Richtung geneigt ist bzw. dahin *einfällt*. Beachten Sie, daß der Ausstrich der Schicht im Tal V-förmig in Richtung des Einfallens ist, während er über dem Bergrücken die Form eines kopfstehenden V

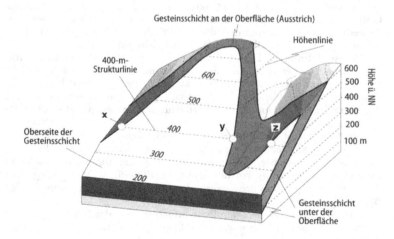

Abb. 8. Strukturlinien

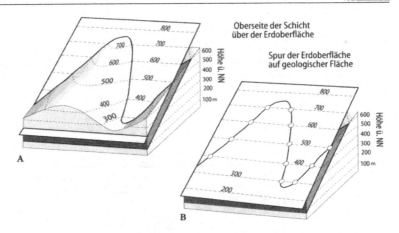

Oberseite der Schicht
über der Erdoberfläche

Spur der Erdoberfläche
auf geologischer Fläche

Abb. 9 A, B. Erstreckung geologischer Flächen über der Oberfläche

annimmt. Wie wir später noch zeigen werden, ist es bei der Analyse der geologischen Karten außerordentlich wichtig, die Bedeutung dieser Formen im Verhältnis zur Topographie zu verstehen.

3.2 Profilschnitte

Obwohl die Konstruktion von Strukturlinien auf geologischen Karten uns die Erfassung von Form und Lagerung geologischer Flächen ermöglicht, liefert sie jedoch nicht sofort eine Vorstellung von der Struktur. Zu diesem Zweck bedienen wir uns einer bequemen und anschaulichen Methode, um die über- und untertägige Erstreckung geologischer Flächen sowie ihre Form und Lagerung darzustellen der Konstruktion senkrechter Schnitte. In Abb. 11 sind die grundlegenden Verfahren dazu dargestellt.

In Abb. 11 A wurde die Karte aus Abb. 10 B der einfacheren Ableitung halber um 90° gedreht. Eine Schnittlinie **a–b** wird im rechten Winkel zum Verlauf der Strukturlinien gezogen, und an diese Linie legen wir einen Streifen Papier an. Die Punkte, an denen die Schnittlinie bestimmte

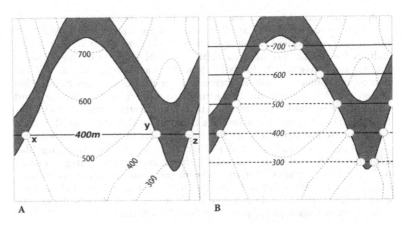

Abb. 10 A, B. Ableitung von Strukturlinien

15

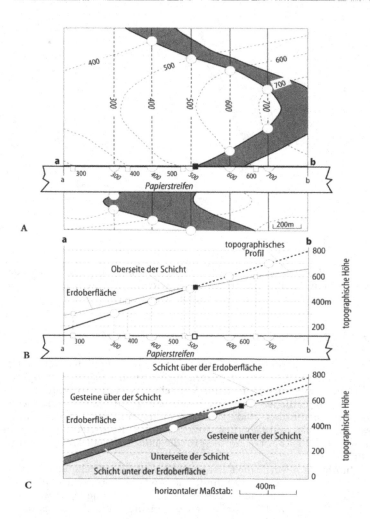

Abb. 11 A–C. Anlage von Profilschnitten

Höhenlinien schneidet, werden auf dem Papierstreifen vermerkt (weiße Quadrate) und dann exakt auf den senkrechten Schnitt wie in Abb. 11 B übertragen, so daß ein topographisches Profil gezeichnet werden kann. Achten Sie darauf, daß im senkrechten Schnitt (Abb. 11 B und C) senkrechter und waagrechter Maßstab dem der Karte entsprechen. Wie bei den topographischen Höhen übertragen wir nun diejenigen Punkte, bei denen die Schnittlinie die Strukturlinien kreuzt (weiße Kreise) und außerdem den Punkt, an dem die Linie den Ausstrich der Oberseite der Gesteinsschicht schneidet (schwarzes Quadrat in Abb. 11 A und B). Da alle diese Punkte auf der Oberseite der Gesteinsschicht liegen müssen, kann deren Lage über und unter ihre Oberfläche sowie ihre Neigung (das *Einfallen* oder *Fallen*) in der Schnittebene dadurch festgelegt werden, daß alle übertragenen Datenpunkte miteinander verbunden werden (Abb. 11 B). In Abb. 11 C wurde die Lage der Unterseite der Schicht in gleicher Weise ermittelt, und wir haben damit in der Schnittebene die genaue Ausdehnung, Lage und Lagerung der Schicht definiert.

3.3 Direktes Messen von Fallen und Streichen

Im vorigen Abschnitt haben wir gezeigt, wie die Lagerung einer geologischen Fläche aus dem Verhältnis zwischen Ausstrichform und Höhenlinien bestimmt werden kann. In der Praxis wird ein Geologe jedoch so weit wie möglich die Lagerung geologischer Strukturen an Gesteinsaufschlüssen im Gelände bei der Kartierung messen. Solche direkten Messungen können in Aufschlüssen mit Kompaß und Neigungsmesser vorgenommen werden, wobei mit ersterem die Richtung bestimmt wird und mit letzterem der Winkel zur Horizontalen.

Die Lagerung einer beliebigen Fläche kann durch die Richtung (Azimut) einer auf ihr gezogenen horizontalen Linie, ihr *Streichen*, bestimmt werden und zusätzlich durch den Azimut und Winkel mit der Horizontalen für die Richtung ihrer steilsten Neigung, ihr *Einfallen* (Abb. 12). Beachten Sie daher, daß das Streichen einer Fläche dem Verlauf der Strukturlinie auf der gleichen Fläche entspricht (Abb. 12 und 8). Der in Abb. 12 gezeigte Aufschluß liegt an einem Flußufer am Punkt A in Abb. 13 und ist mit Blick aus SW dargestellt. Die Kontakte zwischen den einzelnen Lagen oder *Schichten* aus Sandstein und Tonstein sind zur linken Seite der Abb. 12 hin, d.h. nach Westen, geneigt, wobei in Abb. 13 Norden in Richtung des Oberrandes der Seite liegt.

Die Lagerung der Schichtoberseite kann durch die Streichrichtung und den Einfallswinkel beschrieben werden. Beachten Sie, daß die Richtung des Einfallens, das die Richtung der stärksten Neigung darstellt, definitionsgemäß im rechten Winkel zum Streichen verlaufen muß. In diesem Fall streicht die Fläche Nord-Süd und fällt nach Westen mit 45° ein. Ihre Lagerung kann auf der Karte wie in Abb. 13 B vermerkt werden, wobei ein Symbol für Fallen und Streichen genau an der Stelle eingetragen wird, an der die Messung aufgenommen wurde. Beachten Sie, daß das Streichen einer beliebigen Fläche als eine waagrechte Linie definiert ist und damit in Abb. 12 parallel zum Verlauf des waagrechten Wasserspiegels auf der Schichtfläche liegt. In gleicher Weise würde ein Wasserstrahl, der senkrecht auf die Schnittfläche trifft, auf dieser entlang dem Einfallen abfließen.

Wenn wir die Lagerung planarer Strukturen aufnehmen wollen, beziehen wir Richtungen auf die Gradeinteilung auf dem Kompaß, wie in Abb. 14 A gezeigt, und benutzen die in Abb. 14 B angegebenen Symbole für Fallen und Streichen. Beachten Sie in Abb. 14 B, daß wir entweder

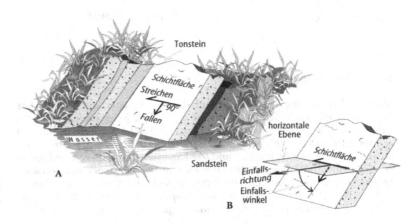

Abb. 12 A, B. Fallen und Streichen eines an einem Flußufer aufgeschlossenen Sandsteines mit Tonsteinzwischenlagen

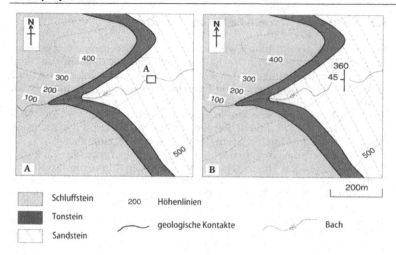

Schluffstein

Tonstein

Sandstein

200   Höhenlinien

geologische Kontakte

Bach

200m

Abb. 13 A, B. Geologische Karten mit Lage des Aufschlusses in Abb. 12

Streichrichtung und Einfallswinkel angeben können oder Richtung *und* Winkel des Einfallens. So entspricht ein Streichen von 060 mit einem Einfallen von 32° nach SE einem Einfallen in Richtung 150 mit 32°.

Eine Betrachtung der Karten in Abb. 13 mit Hilfe von Strukturlinien zeigt, daß die Grenzen der Hauptgesteinseinheiten einheitlich mit 45° nach Westen einfallen (Abb. 15). Beim Studium derartiger geologischer Karten können wir sowohl Strukturlinien als auch direkte Messungen des Fallens und Streichens einsetzen, um ein vollständiges Bild der Form und Lagerung der verschiedenen geologischen Flächen zu erhalten.

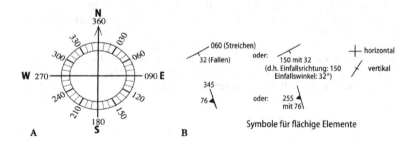

Symbole für flächige Elemente

Abb. 14 A, B. Aufzeichnung der Lage planarer Strukturen

3.4 Maßstabsüberhöhungen

Bisher haben wir die zur Veranschaulichung der Lagerung geologischer Flächen entwickelten Schnitte (Abb. 11 und 15) so gezeichnet, daß vertikale und horizontale Maßstäbe gleich waren. Solche Schnitte geben den *echten Maßstab* wider und liefern damit eine genaue Darstellung der Form der geologischen Flächen und der Lagerung der planaren und linearen Elemente. Im Gegensatz dazu führen Schnitte, bei denen der vertikale Maßstab vom horizontalen abweicht, zu Verzerrungen. So werden in Abb. 16 B, in der der vertikale Maßstab doppelt so groß wie der horizontale ist, die Einfallswinkel und die Mächtigkeiten verstärkt, die Flächen

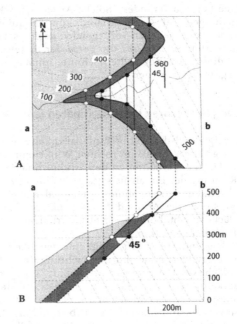

Abb. 15 A, B. Verhältnis von Messungen des Fallens und Streichens zu Struktur-linien

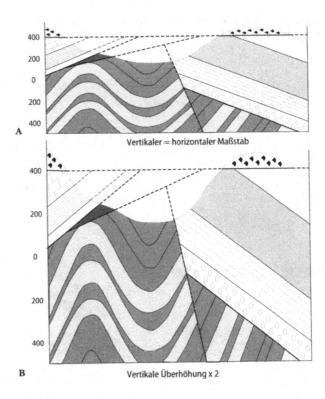

Abb. 16 A, B. Überhöhung des Maßstabs in Profilschnitten

verzerrt und die Formen verändert. Solche Arten von Schnitten liefern falsche Darstellungen der Geologie und können außerdem unsere Interpretation der verschiedenen vorliegenden geologischen Strukturen verfälschen. Beachten Sie z.B. nur die Form der Falten in den beiden Schnitten. Aus diesem Grunde sollten Schnitte immer ohne Maßstabsüberhöhungen gezeichnet werden.

3.5 Berechnung des wahren und scheinbaren Einfallens

Abbildung 12 zeigt, daß der wahre Einfallswinkel einer geologischen Fläche (d.h. der größte Winkel) im rechten Winkel zur Streichrichtung gemessen wird. Für das Verhältnis zu den Strukturlinien ergibt sich daraus, daß die Richtung des Einfallens stets rechtwinklig zu diesen Linien liegt. Da der Abstand der Strukturlinien voneinander direkt vom Einfallswinkel abhängt, so wie der Abstand der Höhenlinien den Gefällewinkel der Landoberfläche angibt, können wir Strukturlinienkarten zur Berechnung von Einfallswinkeln nutzen.

Das Blockdiagramm in Abb. 17 zeigt eine geneigte Gesteinsschicht mit angezeigten Strukturlinien und der Richtung des Einfallens. Eine Karte der Oberfläche des Diagramms ist in Abb. 17 C dargestellt. Mit dem Kartenmaßstab kann der horizontale Abstand **a–b** (in Einfallsrichtung) mit 120 m gemessen werden. Zwischen **a** und **b** fällt die Oberseite der Gesteinsschicht von 200 m Höhe auf 100 m ab (s. Abb. 17 B, **b–c**), woraus sich für die Neigung der Flächen ein senkrechter Abfall von 100 m über einen horizontalen Abstand von 120 m und damit ein Gefälle von 1:1,2 ergibt.

Andererseits kann auch der *Einfallswinkel* berechnet werden. Da **a–b–c** in Abb. 17 B und D ein rechtwinkliges Dreieck beschreiben, errech-

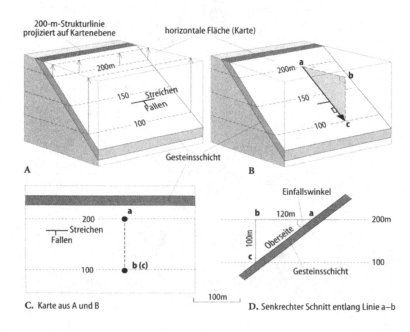

C. Karte aus A und B

D. Senkrechter Schnitt entlang Linie a–b

Abb. 17 A–D. Berechnung des wahren Einfallens mit Hilfe von Strukturlinien

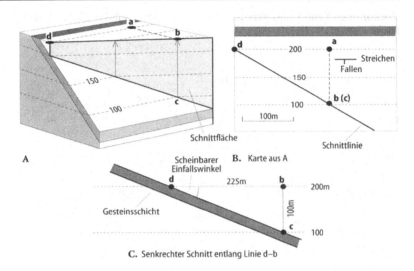

A

B. Karte aus A

C. Senkrechter Schnitt entlang Linie d–b

Abb. 18 A–C. Scheinbares Einfallen

net sich der Tangens des Einfallswinkels mit **bc/ab**, d.h. 100/120=0,83. Daraus ergibt sich ein Einfallswinkel von etwa 40°.

Würden wir die Neigung der Schichtoberseite in Abb. 17 in irgendeiner vom Einfallen abweichenden Richtung messen, würden wir einen Winkel von weniger als 40° feststellen. Bei einem schräg verlaufenden Schnitt wie in Abb. 18 wird das scheinbare Einfallen durch tan **db^cd=bc/bd** definiert und damit zahlenmäßig 100/125=0,444, was einem Winkel von 24° entspricht. Die Abbildungen 17 und 18 zeigen außerdem deutlich, daß bei einem Schnitt parallel zum Streichen das Einfallen 0° betragen würde und daß schräge, in unterschiedlichem Winkel zur Einfallsrichtung verlaufende Schnitte eine Vielzahl scheinbarer Einfallswinkel zwischen 0° und dem jeweils größten und damit *wirklichen Einfallswinkel* (hier 40°) aufweisen würden.

3.6 Gekrümmt-planare geologische Flächen

In den vorausgegangenen Kapiteln haben wir zwar geneigte, aber ebene geologische Flächen betrachtet. Die Strukturlinien verliefen daher gerade, parallel und in gleichbleibendem Abstand zueinander. Geologische Flächen haben in der Natur allerdings nur selten eine so gleichmäßige Form. Sie sind üblicherweise gekrümmt-planar, und die Strukturlinien sind daher gekrümmte Linien mit unterschiedlichem Abstand, wie z.B. auch Höhenlinien. Abbildung 19 zeigt zwei solche gekrümmte Oberflächen und das für sie abgeleitete Strukturlinienmuster. Beachten Sie hier bei Abb. 19 A–C, daß das Streichen einheitlich ist, das Einfallen aber schwankt. Daher verlaufen die Strukturlinien in der Kartendarstellung von Abb. 19 C gerade, aber in unterschiedlichen Abständen. In Abb. 19 D–F ist das Einfallen nahezu konstant, aber das Streichen schwankt, so daß die Strukturlinien in gleichem Abstand zueinander, aber gekrümmt verlaufen. Wo Streichen und Fallen variieren, würden wir ein komplexeres Muster vorfinden. An einigen Stellen in diesem Handbuch werden der Einfachheit halber gerade Strukturlinien verwendet, es muß aber bedacht werden, daß sie in einer Vielzahl natürlicher

21

Vorkommen keineswegs gerade, parallel oder in gleichem Abstand verlaufen.

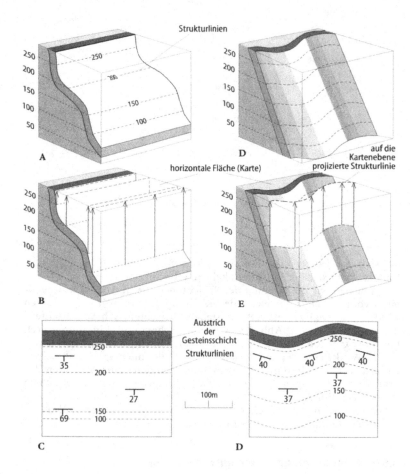

Abb. 19 A–F. Gekrümmt-planare Flächen und Strukturlinien

3.7 Übungen

Die vier nachfolgenden Übungen (Abb. 20 und 21) sollen die vorausgegangenen Hinweise zur Ableitung von Strukturlinien, der Feststellung der Lagerung und Form geologischer Flächen und der Herstellung von Profilschnitten vertiefen. Sie sollten in jedem Falle die gegebenen Hinweise befolgen und die gestellten Probleme lösen. Zur Überprüfung Ihrer Analysen und Interpretation finden Sie die Lösungen zu den Übungen in Kapitel 15 am Ende des Buches. Es empfiehlt sich, die Analysen auf einem über die Abbildung gelegten Transparentpapier oder auf einer Fotokopie durchzuführen.

3.7.1 Karte A

Die in der Karte unterschiedlich gerasterten Flächen stellen Ausstriche unterschiedlicher Gesteins-

arten dar. Die Kontaktflächen zwischen den Gesteinstypen sind unterschiedlich gelagert. Wo immer möglich, konstruieren Sie die Strukturlinien der gezeigten geologischen Kontakte und bestimmen Sie jeweils Fallen und Streichen. Benutzen Sie das entlang der Linie **a–b** bezeichnete topographische Profil, um einen genauen Profilschnitt zu zeichnen, und verlängern Sie den Verlauf der geologischen Flächen sowohl unter als auch über die Oberfläche. Bedenken Sie, daß Sie für jede geologische Fläche den Verlauf der Strukturlinien um so genauer fixieren können, je mehr Punkte gleicher Höhe Sie auf dieser Fläche festlegen können. Um die Lagerung solcher Flächen zu beurteilen, für die Sie keine Strukturlinien zeichnen können, sollten Sie deren Ausstrichform mit der von Flächen vergleichen, deren Lagerung bekannt ist. Bestimmen Sie die vertikale Abfolge der Gesteinstypen im Kartenbereich.

3.7.1 Karte B

Ein dünnes Kohleflöz ist an den in der Karte mit schwarzen Kreisen markierten Stellen aufgeschlossen. Konstruieren Sie den Verlauf der Strukturlinien, bestimmen Sie die Lagerung der Schicht und zeichnen Sie ihren vollständigen Ausstrich ein, wobei Sie die Auswirkungen der Topographie beachten sollten. Zeichnen Sie ein Profil entlang der vorgegebenen Schnittlinie und deuten Sie durch Schraffur auf der Karte den über dem Flöz liegenden Bereich an. Bestimmen Sie das Fallen und Streichen. Sie müssen das in Abb. 7 und 8 illustrierte Verfahren in umgekehrter Reihenfolge einsetzen, d.h. zunächst die Strukturlinien festlegen, indem Sie Positionen lokalisieren, in denen sich, wie bereits gezeigt, Strukturlinien mit Höhenlinien gleicher Höhe schneiden, d.h. wo sich das Kohleflöz an der Oberfläche befindet. Der gesamte Ausstrich der Kohle kann eingezeichnet werden, wenn Sie diese verschiedenen Positionen miteinander verbinden, wobei Sie den Einfluß der Topographie auf den Verlauf des Ausstrichs sorgfältig beachten sollten. Bedenken Sie dabei, daß das Kohleflöz immer dort an der Oberfläche ausstreicht, wo sich Strukturlinien und Höhenlinien gleicher Höhe kreuzen (Abb. 8).

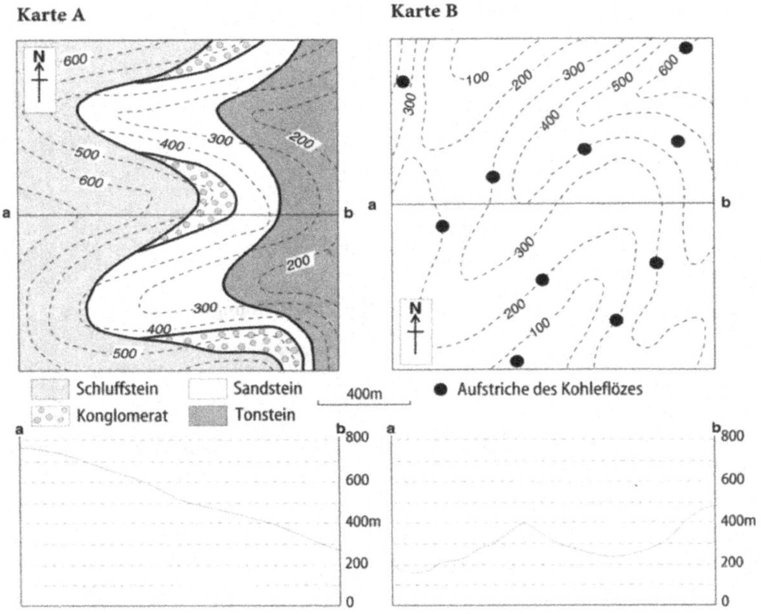

Karte A

Karte B

Schluffstein   Sandstein   400m
Konglomerat   Tonstein   ● Aufstriche des Kohleflözes

Abb. 20 A, B. Übung 3.7.1

3.7.2 Karte A

Bestimmen sie mit Hilfe der Strukturlinien und dem Verhältnis zwischen Austrichform und Topographie die räumliche Lage der in der Karte eingezeichneten Kontakte. Für den unteren Sandstein-Tonstein-Kontakt lassen sich anscheinend zwei verschiedene Scharen von Strukturlinien zeich-

nen. Welche ist die wahrscheinlichere, und was ist der Grund dafür?

Zeichnen Sie ein genaues Profil entlang der Linie a–b und verbinden Sie die Kontakte über und unter der Geländeoberfläche. Wie ist die Form der beiden Flächen, und wie sieht die vertikale Abfolge der Gesteine in diesem Gebiet aus?

3.7.2 Karte B

Bestimmen Sie Lagerung und Form des in der Karte dargestellten geologischen Kontaktes mit Hilfe des Verhältnisses zwischen Austrichform und Topographie und durch Ableitung der Strukturlinien. Zeichnen Sie auf der Karte Symbole für Fallen und Streichen ein, um Änderungen in der Lage dieser Fläche genau abzubilden.

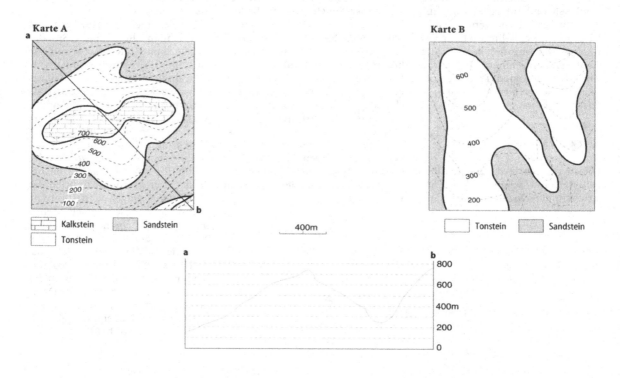

Abb. 21 A, B. Übung 3.7.2

Geometrie des Ausstrichs

4.1 Geometrie des Ausstrichs, Einfallswinkel und Topographie

Um eine genaue und gründliche Analyse geologischer Karten durchführen zu können, ist das Verständnis der die Form eines Ausstrichs bestimmenden Faktoren unabdingbar. Offensichtlich ist der primäre Faktor die Form der entsprechenden geologischen Flächen selbst, d.h., ob sie z.B. eben oder gekrümmt-planar sind. Um die anderen Einflußfaktoren zu illustrieren, wollen wir eine Gesteinslage (oder Gesteinsschicht) von einheitlicher Mächtigkeit betrachten, die von ebenen parallelen Flächen begrenzt wird, und untersuchen, wie sich die Form des Ausstrichs in Abhängigkeit von Veränderungen der Topographie und des Einfallens ändert.

Abbildung 22 (A-G) zeigt, wie sich der Ausstrich einer 70 m mächtigen Gesteinsschicht mit wechselnden Einfallswinkeln ändert, wobei die Topographie in allen sieben Bildern gleich bleibt. In jedem Bild ist Norden oben.

Abb. 22 A: Die waagrecht liegende Schicht (Einfallswinkel 0°) zeigt den nahezu parallelen Verlauf zwischen dem Ausstrich der Ober- bzw. Unterseite der Schicht und den Höhenlinien. Der Verlauf des Ausstrichs ist stellenweise konzentrisch, wie z.B. auf dem Gipfel des Hügels, und wird durch die Form der Landoberfläche, d.h. den Verlauf der Höhenlinien vorgegeben.

Abb. 22 B: Ein flaches Einfallen mit 14° nach Westen führt zu einem stark gewundenen Ausstrich und zeigt im Tal die Form eines V in *Richtung des Einfallens.*

Abb. 22 C: Ein mittleres Einfallen von 45° nach Westen verringert den bogenförmigen Verlauf des Ausstrichs, der generell dem Streichen folgt.

Abb. 22 D: Ein steiles Einfallen mit 68° nach Westen verringert den gewundenen Ausstrich noch weiter, und der generelle Verlauf folgt noch mehr der Richtung des Streichens.

Beachten Sie, daß außer in Abb. 22 A die V-Form der Ausstriche im Tal und über den Höhenrücken die Richtung des Einfallens angibt und in Abb. 22 C und D der generelle Verlauf des Ausstrichs auf der Karte die Streichrichtung. Beachten Sie auch, wie mit steigendem Einfallen der Schicht der Abstand der Strukturlinien abnimmt.

In Abb. 22 B, C und D fällt die Schicht nach Westen ein. In Abb. 22 E steht sie senkrecht, der Ausstrich ist gerade und wird von der Topographie nicht beeinflußt. Er folgt eindeutig der Streichrichtung. Wie aus den Strukturlinien und der V-Form des Ausstrichs im Tal ersichtlich, fällt die Schicht in Abb. 22 F nach Osten ein. In Abb. 22 G zeigen die Strukturlinien ein Einfallen mit 8° nach Osten, während die V-Form des Ausstrichs im Tal ein Einfallen nach Westen anzudeuten scheint. Dies resultiert daraus, daß der Boden des Tales in Richtung des Einfallens der

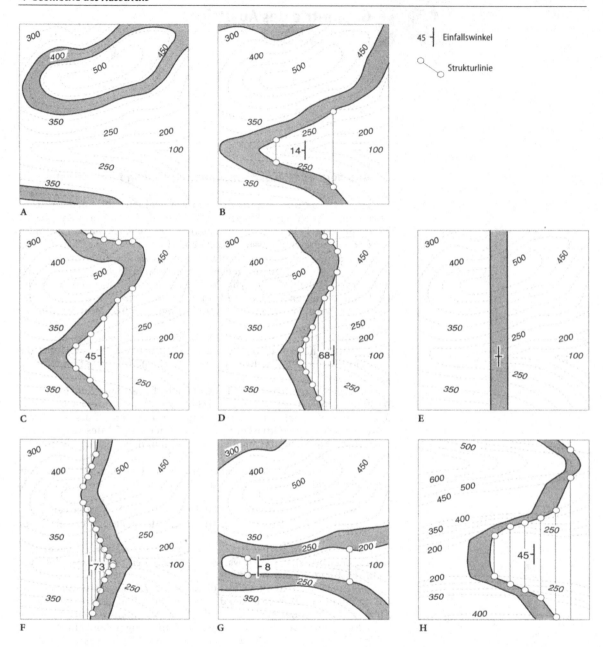

Abb. 22 A–H. Verhältnis zwischen Topographie, Einfallswert und Form des Ausstrichs

Schicht steiler als der Einfallswinkel geneigt ist. Diese Situation ist nicht selten zu beobachten und sollte stets bei der Analyse von geologischen Karten in Gebieten berücksichtigt werden, in denen die planaren geologischen Elemente nur wenig geneigt sind und/oder das Relief sehr stark ausgeprägt ist.

Mit Hilfe der Karten in Abb. 22 soll gezeigt werden, wie die Ausstrichform von Richtung und Steilheit des Einfallens sowie von größeren topographischen Formen wie Tälern und Höhenzügen abhängt. Beachten Sie jedoch, wie in Abb. 22 H Schwankungen im Gefälle der Oberfläche ebenfalls einen bemerkenswerten Einfluß ausüben: Verlauf und Breite des Ausstrichs verändern sich abrupt, wenn das topographische Gefälle von steil über mäßig geneigt in flach übergeht. Wo der Ausstrich über das relativ flache Gelände des Talbodens verläuft, folgt er der Richtung des Streichens. Beachten Sie außerdem, daß die Ausstriche in topographisch flacherem Gelände breiter und in steilerem schmaler sind.

Ausgehend von der Tatsache, daß in jeder der Karten der Abb. 22 die *wahre Mächtigkeit* der Gesteinsschicht 70 m beträgt, ergibt sich außer in Abb. 22 E, daß die senkrecht zum Kontakt gemessene Breite der Schicht in der Karte oder auf der Landoberfläche stets mehr bzw. weniger als 70 m beträgt, d.h., daß es sich dabei um die *scheinbare* Mächtigkeit handelt. Nur wo die Landoberfläche oder die Kartenfläche die Schicht rechtwinklig zu den sie begrenzenden Kontakten schneiden, ist die wahre Mächtigkeit feststellbar, wie z.B. in Abb. 22 E, wo die Schicht senkrecht steht und die Kartenoberfläche damit rechtwinklig zu den Schichtkontakten verlaufen muß.

4.2 Wahre und scheinbare Mächtigkeit

Abbildung 23 illustriert das Verhältnis zwischen wahren und scheinbaren Mächtigkeiten. In der Karte (Abb. 23 A) schwanken die rechtwinklig zu den Grenzen gemessenen Ausstrichbreiten der Schicht (a'-a''') mit

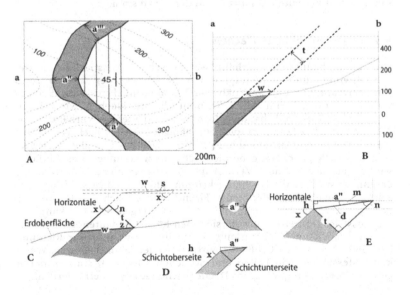

Abb. 23 A–E. Wirkliche und scheinbare Mächtigkeiten

Werten von 50, 110 und 90 m, während im Profil (Abb. 23 B) bei **W** eine entlang der Oberfläche gemessene Mächtigkeit 115 m beträgt. Dies sind jedoch alles nur scheinbare Mächtigkeiten. Die wahre Mächtigkeit (70 m) wird entlang der rechtwinklig zum Streichen verlaufenden Fläche gemessen, d.h. auf der auch die Richtung des Einfallens gemessen wird (**t** in Abb. 23 B). Wir können natürlich wahre oder scheinbare Mächtigkeiten aus Profilschnitten abgreifen, wir können uns dazu aber auch trigonometrischer Funktionen bedienen. Die trigonometrischen Zusammenhänge zwischen wahrer und scheinbarer Mächtigkeit werden in Abb. 23 C, D und E illustriert, die die bei der Berechnung der wahren Mächtigkeiten im Gelände und bei der Analyse von Karten eingesetzten Verfahren zusammenfassen.

Wenn wir im Gelände das Einfallen, die Ausstrichbreite der Schicht an der Oberfläche in Richtung des Einfallens und die Neigung der Topographie messen können, dann können wir die wahre Mächtigkeit der entsprechenden Schicht bestimmen. Abbildung 23 C illustriert die geometrischen Grundlagen für die trigonometrische Lösung. Der Einfallswinkel ist dabei **x**, die Ausstrichbreite entlang der Oberfläche ist **w**, und **s** ist der Neigungswinkel der Oberfläche. Wir müssen nun die Größe des Winkels **z** in dem vorliegenden rechtwinkligen Dreieck bestimmen, um **t** zu berechnen. Der Winkel **z** entspricht der Summe der Winkel **n+s**, wobei wir **s** gemessen haben, und **n**=180−(90+x). Daraus ergibt sich **z**=180−(90+x)+s. Im rechtwinkligen Dreieck gilt cos **z**=t/w und damit **t**=w cos z. Durch Ersetzen erhalten wir dann t=w cos[{180−(90+x)}+s].

Wollen wir die wahre Mächtigkeit aus der Karte ableiten, so muß die Berechnung etwas verändert werden. Wir benötigen das Einfallen (**x**), den Unterschied in der Ausstrichhöhe der Ober- bzw. Unterseite der Schicht (**h**) und die Ausstrichbreite der Schicht in der Karte (in diesem Falle **a"** in Abb. 23 A und D). Abbildung 23 E ist eine Vergrößerung von Abb. 23 D und illustriert die beiden für die Berechnung benutzten rechtwinkligen Dreiecke. Um nun **t** zu bestimmen, benötigen wir den Wert des Winkels **n** und den Abstand **d**. Da wir Werte für **h** und **a"** vorliegen haben, können wir **m** berechnen, denn **m**=h/a". Die Winkel **m+n=x**, und somit gilt **n=x−m**. Der Abstand **d** ergibt sich aus **d**=t/cos n. Die wahre Mächtigkeit folgt nun aus dem Verhältnis sin **n**=t/d und damit **t**=d sin n.

4.3 Gekrümmt-planare Flächen

Die oben benutzten Verhältnisse zwischen Ausstrichgeometrie, Einfallswinkel und Topographie zur Festlegung der Streich- und Einfallsrichtungen und angenäherter Einfallswinkel muß etwas abgewandelt werden, wenn wir gekrümmt-planare Flächen wie z.B. in Übung 3.7.2 (Karte B) behandeln. In Abb. 24 A deutet das Verhältnis zwischen Ausstrich und Topographie ein mäßiges Einfallen nach Westen bis SW an. Die Strukturlinien (Abb. 24 B) bestätigen das Einfallen nach SW, zeigen jedoch gleichzeitig beträchtliche Schwankungen des Einfallswinkels an, die aus dem Verlauf des Ausstrichs nicht ohne weiteres erkennbar sind, da die Flächen gekrümmt-planar sind. Abbildung 24 C zeigt die Einfallswinkel der beiden Flächen, wie sie sich aus der Analyse des Abstandes der Strukturlinien in Abb. 24 B ergeben. Somit kann uns die Ausstrichgeometrie, obwohl sie einen höchst bedeutenden Hinweis auf das Einfallen geben kann, nur allgemeine Information zur Richtung des Einfallens und der Größe des entsprechenden Winkels liefern. Wenn keine Messungen von Fallen und Streichen vorliegen, sind zu deren genauer Bestimmung weiter ins Detail gehende Analysen erforderlich.

4.4 Übungen

4.4.1

In Abb. 24 D wie auch in Abb. 24 A läßt eine oberflächliche Betrachtung vermuten, daß die geologischen Flächen s und r mit mäßig bis steilen Winkeln im Tal nach Westen und auf dem Hügel nach SW einfallen, wobei r vielleicht etwas steiler als s einfällt. Beachten Sie jedoch, daß dies zwar für die Ausstriche im Tal gilt, daß jedoch im Norden der Ausstrich von r die Höhenlinien nur in geringerem Winkel kreuzt, was auf ein steiles Einfallen schließen läßt. Zeichnen Sie die Strukturlinien für die beiden Flächen, um diese Beobachtungen zu überprüfen. Versuchen Sie bei der Analyse der Karten, wo immer möglich, mehr als zwei höhengleiche Punkte auf einer Fläche zu lokalisieren, bevor Sie eine Aussage zum Verlauf der Strukturlinien treffen. Überprüfen Sie Ihre Analyse anhand der Lösung in Kapitel 15.

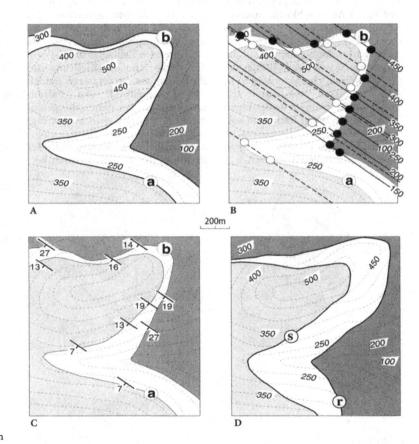

Abb. 24 A–D. Gekrümmt-planare Flächen

4.4.2

Weitere Komplikationen bei der Interpretation von Ausstrichmustern ergeben sich, wenn geologische Flächen noch stärker gekrümmt-planar als in Abb. 24 dargestellt sind, d.h., wenn die Gesteine durch Faltung deformiert wurden (Abb. 25). Für die Ausstrichmuster von Falten ist die Kombination von topographisch bedingten Ausstrichkrümmungen, z.B. über Hügeln und Bergrücken bzw. über Täler hinweg, mit Ausstrichkrümmungen, die auf die Anwesenheit von Faltenumbiegungen hinweisen, charakteristisch. In Abb. 25 lassen sich durch die Topographie bedingte Änderungen im Ausstrichverlauf leicht von solchen unterscheiden, die auf rasche Änderungen des Einfallswinkels in Faltenumbiegungen hinweisen.

In Abb. 25 A, B und C streichen die Schichten Nord-Süd, fallen jedoch mit unterschiedlichen Winkeln in unterschiedlichen Richtungen um synklinale Falten herum ein. Die Überprüfung der Ausstrichformen zeigt, daß an einigen Stellen die Krümmung des Ausstrichs auf die Anwesenheit von Tälern und Bergrücken zurückzuführen ist, während an anderen Stellen rasche Änderungen im Richtungsverlauf des Ausstrichs auch dort auftreten, wo die Topographie relativ einförmig ist. Im ersten Fall zeigt die V-Form der Ausstriche die Richtung des Einfallens an, im letzteren jedoch die Anwesenheit von Faltenumbiegungen, in denen die geologischen Flächen eine ausgeprägt gekrümmt-planare Form annehmen, wobei sich Betrag und/oder Richtung des Einfallens rasch ver-

ändern. (1) Suchen Sie in jeder Karte die Stellen, an denen die Ausstrichform die Einfallsrichtung anzeigt und wo das Vorhandensein von Faltenumbiegungen. (2) Zeichnen Sie für Abb. 25 A und B die Strukturlinien der Tonstein-Schluffstein-Kontakte, um daraus die Form der Falten ableiten zu können. (3) Zeichnen Sie für Abb. 25 C die Strukturlinien für beide Kontakte und beurteilen Sie die *Form der Falten*. (4) Zeichnen Sie für jede der Karten senkrechte, nicht überhöhte, E-W-verlaufende Profilschnitte entlang den südlichen Kartengrenzen. Beachten Sie bei Abb. 25 A und B, daß Sie die Strukturlinien einerseits als eine einheitliche N-S-verlaufende Schar darstellen können oder andererseits als eine Schar mit zwischen NE und SE schwankenden Richtungen. Die zweite Interpretation wird allerdings nicht durch das Verhältnis zwischen Ausstrichform und Topographie gestützt und würde zudem außergewöhnlich komplexe Strukturen erfordern.

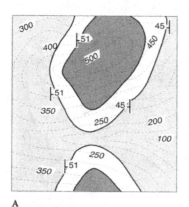

A

200m

Schluffstein

Tonstein

Sandstein

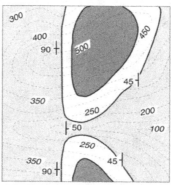

B

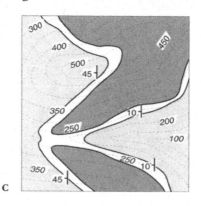

C

Abb. 25 A–C. Falten und Ausstrichformen

4.4.3

Die Karten in Abb. 26 zeigen Strukturlinien (gerade unterbrochene Linien) für eine einzige gefaltete Fläche. Bestimmen Sie die Punkte, an denen sich Strukturlinien mit Höhenlinien gleicher Höhe schneiden und zeichnen Sie die Ausstrichflächen ein. Vermerken Sie auf der Karte, wo Veränderungen im Verlauf der Ausstriche auf topographische Einflüsse zurückzuführen sind und wo auf die Anwesenheit von Falten-

umbiegungen. Zeichnen Sie in beiden Fällen Profilschnitte entlang den vorgegebenen Linien zur Illustration der Faltenformen und überprüfen Sie Ihre Analyse anhand der in Kapitel 15 gezeigten Lösungen.

Bisher haben wir gesehen, daß wir durch die Konstruktion von Strukturlinien in die Lage versetzt werden, Lagerung und Form geologischer Flächen zu analysieren. Solche Aussagen sind ebenfalls möglich, wenn wir mit entsprechender Vorsicht die Verhältnisse

zwischen Ausstrichverlauf und Topographie betrachten. Wo wir nicht über topographische Details verfügen, müssen wir uns auf Ausstrichformen und direkte Messungen von Fallen und Streichen als Anzeichen für geologische Strukturen verlassen. Obwohl natürlich nicht besonders genau, stellt die Auswertung der Ausstrichform alleine ein bedeutendes Analyseverfahren und ein wichtiges Hilfsmittel bei der Geländekartierung dar.

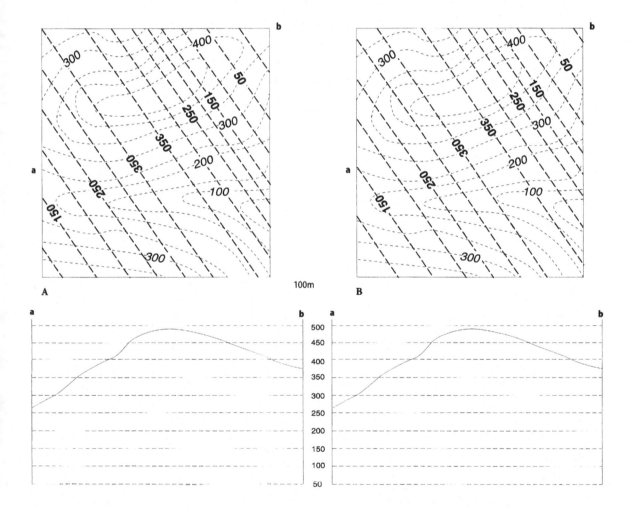

Abb. 26 A, B. Übung 4.4.3

31

4.4.4

Die Karte in Abb. 27 zeigt die Geologie eines Gebietes, in dem die Topographie nur durch den Verlauf von Bächen und Flüssen sowie durch einzelne Höhenpunkte angedeutet wird. Es lassen sich somit weder Strukturlinien zeichnen noch können genaue topographische Profile abgeleitet werden. Wir können aber dennoch aus dem Verhältnis zwischen Ausstrichformen und diesen topographischen Hinweisen zumindest qualitativ die Lagerung der Kontakte und Strukturen erfassen, d.h. ihr Streichen und das gegebenenfalls senkrechte, steile, mäßige oder flache Einfallen bzw. eine nahezu horizontale Lagerung. Wir können dadurch einen Eindruck von der Struktur eines Gebietes erhalten. Bestimmen Sie Richtung und relatives Einfallen (senkrecht, steil, mäßig, flach oder horizontal) der Kontakte und Strukturen. Unter der Voraussetzung, daß Ausstriche desselben Gesteinstyps im gesamten Gebiet altersgleich sind, zeichnen Sie entlang dem Profil **a–b** in Abb. 27 einen Profilschnitt. Vergleichen Sie Ihre Analyse mit der aus Kapitel 15.

Abb. 27. Übung 4.4.4

Legend:

- Basalt
- Konglomerat
- Lava
- Sandstein
- Schluffstein
- Verwerfung
- Fluß
- Bach
- ■ 361   Höhenpunkte in m

400m

Lineare Strukturen

5.1 Entstehung und Einmessen linearer Strukturen

Lineare Strukturen können auf verschiedene Weise entstehen: als Schnittlinien planarer Elemente wie z.B. Schnittkanten zwischen Schichtflächen und intrusiven Kontakten oder mit Diskordanzen, als Schnittkanten zwischen Schichtflächen, intrusiven Kontakten und Diskordanzen mit Verwerfungen, als Ergebnis von Faltungsvorgängen in Form von z.B. Faltensätteln und -trögen sowie in kleinerem Maßstab als Ergebnis einer inneren Beanspruchung der Gesteine bei der Deformation, die zu einer Auslängung und Einregelung von Partikeln und/oder Kristallen im Gestein in einer einheitlichen Richtung geführt haben. Da solche Strukturen mehr linear als planar sind, sprechen wir von *linearen Strukturen* und *Lineationen*.

In Abb. 28 A überlagert eine Schichtenfolge diskordant einen älteren Basementkomplex. In einem solchen Falle gibt es eine Vielzahl planarer Elemente wie z.B. Schichtflächen, Gangbegrenzungen usw., die unterschiedlich gelagert sind. Wenn wir nun die jüngere Schichtenfolge wie in Abb. 28 B entfernen, so legen wir einige dieser Elemente im Sockel und der sedimentären Schichtfolge auf der Diskordanzfläche frei. Die

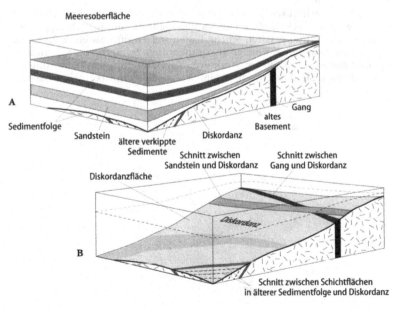

Abb. 28 A, B. Schnittkanten zwischen planaren Elementen

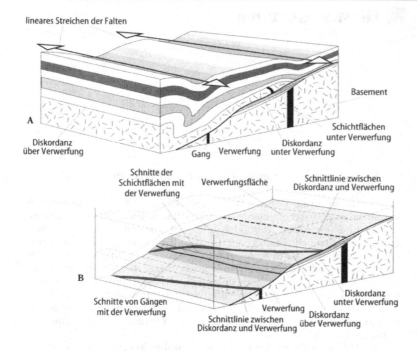

lineares Streichen der Falten

Basement

Diskordanz
über Verwerfung

Gang Verwerfung

Diskordanz
unter Verwerfung

Schichtflächen
unter Verwerfung

Schnitte der
Schichtflächen mit
der Verwerfung

Verwerfungsfläche

Schnittlinie zwischen
Diskordanz und Verwerfung

Schnitte von Gängen
mit der Verwerfung

Verwerfung

Schnittlinie zwischen
Diskordanz und Verwerfung

Diskordanz
über Verwerfung

Diskordanz
unter Verwerfung

A

B

Abb. 29 A, B. Durch Faltung und Verwerfungen entstehende lineare Elemente

Ausstriche umfassen Schnittkanten der verschiedenen geologischen
Flächen und bilden somit lineare Elemente, die, wie später noch zu zeigen
sein wird, bei der Beurteilung der Strukturgeometrie eines Gebietes von
Bedeutung sind, insbesondere bei der Bestimmung des Versatzes entlang
von Verwerfungen.

Lineare Strukturen können auch auf andere Art entstehen. Dort wo
Gesteine deformiert werden, werden geschichtete Sedimentabfolgen wie
in Abb. 29 A häufig gefaltet. Solche Falten weisen oftmals einen linearen
Verlauf über einige Zentimeter bis zu mehreren Zehnern von Kilometern
auf und stellen somit lineare Strukturen dar. Und dort, wo Verwerfungen
ältere planare Strukturen schneiden, stellen die Schnittkanten zwischen

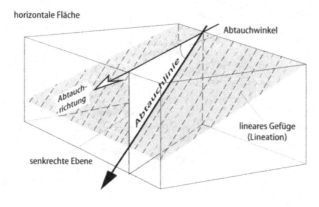

horizontale Fläche

Abtauchwinkel

Abtauch-
richtung

Abtauchlinie

lineares Gefüge
(Lineation)

senkrechte Ebene

Abb. 30. Messung des Abtauchens

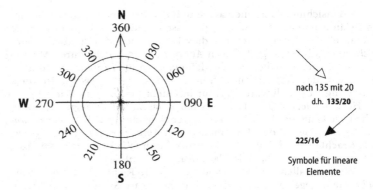

Abb. 31. Aufzeichnung der Lage linearer Strukturen

letzteren und den Verwerfungsflächen ebenfalls lineare Strukturen dar. In Abb. 29 B wurden die die Verwerfungsfläche in Abb. 29 A überlagernden Gesteine entfernt, um solche linearen Strukturen darzustellen.

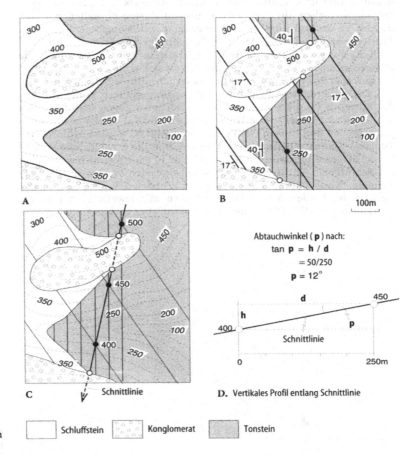

Abb. 32 A–D. Schnittlinien zwischen Flächen

Offensichtlich kann die Lagerung linearer Elemente und Strukturen im Gelände und auf der Karte eingemessen werden. Im Gegensatz zu den planaren Strukturen geschieht dies hier jedoch durch Messung der Richtung und Neigung, d.h. dem *Abtauchen*, und nicht durch Messung von Fallen und Streichen wie bei den planaren Elementen. Abbildung 30 zeigt, wie das Abtauchen definiert und gemessen wird. In dieser Abbildung ist eine lineare Struktur in einem bestimmten Winkel gegen die Horizontale, die Oberfläche des Blockdiagramms, geneigt. Ihre räumliche Lage kann durch die Richtung ihrer Neigung (ihre *Abtauchrichtung*) und den Winkel mit der Horizontalen, den *Abtauchwinkel*, festgelegt werden. Beachten Sie, daß der Abtauchwinkel immer in der vertikalen Fläche gemessen werden muß, in der das lineare Element liegt.

Wie bei Fallen und Streichen werden die Richtungen durch Kompaßwerte angegeben, während auf Karten lineare Symbole benutzt werden (Abb. 31).

5.2 Schnittlinien

So wie die Analyse linearer Strukturen, die im Gelände erkannt und eingemessen werden können, erfordern viele geologische Probleme die Konstruktion und Analyse von Schnittlinien zwischen planaren geologischen Flächen aus den in geologischen Karten enthaltenen Daten (s. Abb. 28 und 29). In Abb. 32 A überlagern z.B. Konglomerate diskordant eine steiler einfallende ältere Schichtfolge aus Schluff- und Tonsteinen. Da sowohl der Schluffstein-Tonstein-Kontakt als auch die Diskordanz planare Flächen sind, müssen sie sich schneiden. Wie können wir nun aber Position und Lagerung dieser Schnittlinie bestimmen?

Die diskordante Auflagerung der Konglomeratbasis ergibt sich aus der Karte, da (1) die Konglomerate am höchsten liegen und damit die Schluff- und Tonsteine überlagern müssen und (2) die Basis der Konglomerate an drei Stellen (weiße Kreise in Abb. 32 B) den Schluffstein-Tonstein-Kontakt überlappt. Die Konstruktion der Strukturlinien ergibt für die beiden geologischen Flächen (Abb. 32 B) ein einheitliches Einfallen des Schluffstein-Tonstein-Kontaktes mit 40° nach Westen und für die Basis der Konglomerate ein solches von 17° nach SW. Der einheitliche Verlauf der beiden Strukturlinienscharen mit jeweils einheitlichem Abstand zeigt, daß beide Flächen in sich eben, aber geneigt sind.

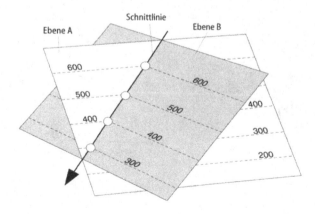

Abb. 33. Schnitt zweier ebener geneigter Flächen

Definitionsgemäß muß der Schnitt zweier ebener Flächen eine gerade Linie bilden (Abb. 33). Aus der Zeichnung ergibt sich deutlich, daß ihre Lage dadurch bestimmt werden kann, daß man die Punkte verbindet, in denen sich Strukturlinien gleicher Höhe treffen (weiße Kreise in Abb. 33).

So lassen sich in Abb. 32 B Schnittpunkte zwischen der Diskordanzfläche und dem Kontakt zwischen Schluff- und Tonsteinen dort festlegen, wo sich Strukturlinien gleicher Höhe auf den beiden Flächen kreuzen (schwarze Kreise). Diese liegen offensichtlich auf einer Linie wie auch die Überlappungspunkte, die als weiße Kreise auf der Karte vermerkt sind. Alle diese Punkte definieren eine Schnittlinie, die von einer Höhe von über 500 m im Norden auf unter 400 m im Süden abfällt (Abb. 32 C). Die genaue räumliche Lage dieser Linie kann berechnet werden, da wir in Abb. 32 C die auf ihr liegenden Höhenpunkte von 500, 450 und 400 m festlegen können. Wir wissen daher, daß die Linie über den gemessenen horizontalen Abstand von 250 m zwischen den Höhepunkten von 500 und 450 m (bzw. auf 450 und 400 m) um 50 m abfällt. Aus trigonometrischen Beziehungen Abb. 32 D errechnet sich der Abtauchwinkel über $\tan p = 50/250$, der Winkel p beträgt somit 12°.

Wenn die planaren Flächen nicht mehr eben, sondern gewölbt sind, lassen sich in ähnlicher Weise ebenfalls Schnittlinien konstruieren, die dann aber nicht mehr gerade sind.

39

5.3 Übung

5.3.1

Bestimmen Sie Form und Lagerung der in Abb. 34 gezeigten geologischen Flächen und ent-scheiden Sie, bei welcher es sich um eine Diskordanz handelt. Bestimmen Sie die Schnittlinie zwischen den beiden planaren Flächen und stellen Sie ihren Abtauchwinkel und die entsprechende Richtung fest. Markieren Sie diejenigen Bereiche in der Karte, in denen der Kalkstein von Sandstein unterlagert wird.

Überprüfen Sie wieder Ihre Analyse und Interpretation mit Hilfe der in Kapitel 15 dargestellten Lösung.

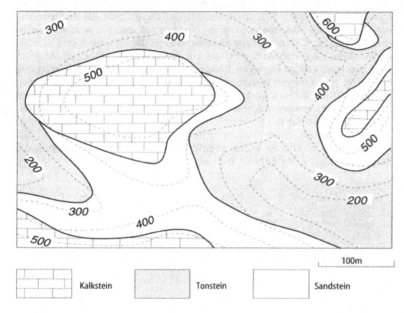

100m

Kalkstein   Tonstein   Sandstein

Abb. 34. Übung 5.3.1

Analyse von Bohrlochdaten

6.1 Berechnung von Fallen und Streichen aus Bohrlochdaten

Zusätzlich zu direkten Beobachtungen und Messungen in Gesteinsaufschlüssen an der Oberfläche können Geologen sich auch aus Bohrungen und in Bergwerken gewonnene Informationen zu Nutze machen. Bei der Analyse geologischer Karten können solche Informationen zur Bestimmung der Lagerung linearer und planarer Strukturen unter der Erdoberfläche benutzt werden und sie sind außerdem bei der Erstellung eines dreidimensionalen geometrischen Bildes der geologischen Strukturen von großem Nutzen.

Im Blockdiagramm in Abb. 35 A durchteufen die Bohrungen **a**, **b** und **c** eine kohleführende Schicht (dunkelgrau) in unterschiedlicher Tiefe unter der Oberfläche. Die Karte in Abb. 35 B zeigt die Lage dieser Bohrungen; die entsprechenden Schichtenverzeichnisse liefern folgende Informationen:

Bohrung	Höhe der Oberfläche	Tiefe der Oberseite der Kohlenformation
a	350 m	100 m
b	300 m	100 m
c	450 m	100 m

Mit diesen Daten können wir ableiten, daß die Oberseite der Kohlenformation in Bohrung **a** bei 250 m ü. NN liegt (350-100 m=250 m), in **b** bei 200 m und in **c** bei 350 m. Wenn wir annehmen, daß die Oberseite eine ebene, aber geneigte Fläche darstellt, so folgt, daß diese zwischen **a** und **b** von 250 m auf 200 m abfällt, zwischen **b** und **c** von 200 m auf 350 m ansteigt und zwischen **c** und **a** von 350 m auf 250 m fällt (Abb. 35 C).

Wenn wir auf der Karte den Abstand zwischen **a** und **c** halbieren, erhalten wir den Punkt, in dem die Fläche bei 300 m liegt. Wenn wir entsprechend den Abstand **b-c** in drei gleiche Teile zerlegen, erhalten wir die Punkte für 250 m und 300 m (schwarze Kreise in Abb. 35 C).

Auf diese Art erhalten wir eine Anzahl von Punkten bekannter Höhe auf der Fläche (Abb. 35 C). Wenn wir nun Punkte gleicher Höhe verbinden, erhalten wir Strukturlinien (Abb. 35 D) und können damit Fallen und Streichen der Fläche bestimmen. Bedenken Sie jedoch, daß eine solche Konstruktion eine ebene Fläche voraussetzt. Wir könnten mit unseren Aussagen sicherer sein, wenn uns mehr als nur drei Bohrungen zur Verfügung stünden. In Abb. 35 E ist zu erkennen, wie sich diese Konstruktion zum Blockdiagramm verhält. Die hellgrau angelegte dreieckige Fläche in der Abbildung kennzeichnet den Teil der Oberseite der Kohlenformation, den wir mit unserer Analyse erfaßt haben.

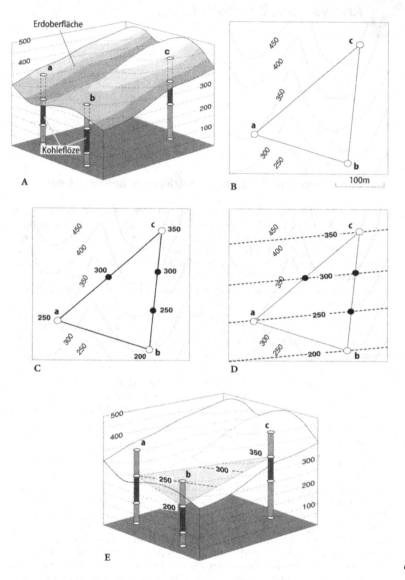

Abb. 35 A–E. Bohrlochdaten

6.2 Dreipunktprobleme an der Oberfläche

Aus obiger Ableitung wird klar, daß wir die Lagerung jeder ebenen, aber geneigten Fläche bestimmen können, wenn wir auf ihr drei oder mehr Höhenpunkte kennen. Dieses gilt sowohl für an der Oberfläche ermittelte Daten als auch für solche aus Bohrungen. Abbildung 36 A stellt eine geologische Karte dar, die Aufschlüsse (**a–f**) von Tonstein (dunkelgrau), Konglomeraten (schwarze Kreise) und Schluffstein (hellgrau) zeigt, bei denen wir aber nur den allgemeinen Verlauf und die Höhenlage der

Kontakte kennen. Mit Hilfe der oben beschriebenen „Dreipunkttechnik" können wir allein mit diesen Informationen die vermutliche Lagerung der Kontakte ableiten und eine komplette geologische Karte zeichnen.

In Abb. 36 B werden für jede Kontaktfläche Dreiecke konstruiert, um Zwischenhöhen zu berechnen, aus denen wir dann die entsprechenden Strukturlinien ableiten können Abb. 36 C. Für den Schluffstein-Konglomerat-Kontakt ist diese Ableitung offensichtlich zuverlässiger als für den Konglomerat-Tonstein-Kontakt, da wir für ersteren sechs Punkte bekannter Höhe haben und nur vier für letzteren. Wir können jedoch trotzdem Fallen und Streichen messen. Wenn wir außerdem vermerken, wo die Strukturlinien die Höhenlinien gleicher Höhe schneiden, können wir voraussagen, wo die Kontakte nahe der Oberfläche liegen, (weiße Kreise in Abb. 36 D) und damit die geologische Karte vervollständigen.

Bei diesen Beispielen haben wir angenommen, daß es sich bei den geologischen Flächen um relativ ebene, allerdings geneigte Flächen handelt, d.h. Fallen und Streichen sind einheitlich und gleichbleibend. Ob dies zutrifft oder nicht, können wir beurteilen, wenn z.B. mehr als drei Höhenpunkte bekannt sind, wenn die allgemeinen Streichrichtungen der Kontakte übereinstimmen (was in Abb. 36) zutrifft) oder wenn die Verteilung anderer Aufschlüsse vereinbar ist.

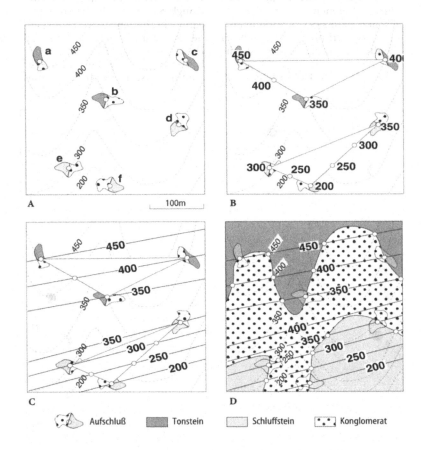

Abb. 36 A–D. „Dreipunktlösungen"

6.3 Übung

6.3.1

In Abb. 37 treffen senkrechte Bohrlöcher bei **A, B, C** und **D** die folgenden Formationsgrenzen bei den genannten Tiefen (in m) unter der Oberfläche an:

	A	B	C	D
Sandsteinbasis	50 m	50 m	150 m	50 m
Oberkante des goldführenden Konglomerates	300 m	100 m	350 m	fehlt
Basis des goldführenden Konglomerates	350 m	150 m	400 m	fehlt

Beachten Sie, daß das Konglomerat in Bohrung **D** nicht angetroffen wurde. Nehmen Sie an, daß die Flächen eben sind, bestimmen Sie die Strukturlinien und zeichnen Sie die entsprechenden Ausstriche ein. Wenn Sie die Bergwerksgesellschaft, die nach Gold suchen will, beraten sollten, welchen Teil der Karte würden Sie dann als vom Konglomerat unterlagert vorhersagen? Schraffieren Sie das Gebiet auf der Karte und zeichnen Sie einen N-S-Schnitt zur Illustration der Struktur. Bei der Lösung dieser Übung müssen Sie die Lage und Lagerung der drei geologischen Flächen aus den Bohrlochangaben bestimmen. Verzeichnen Sie eventuell vorhandene Schnittlinien und bestimmen Sie die Struktur des Gebietes.

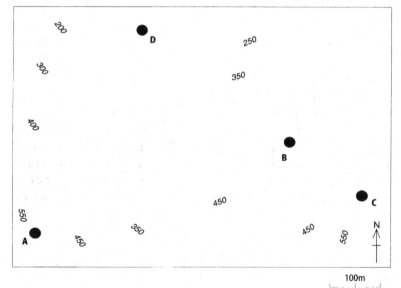

Abb. 37. Übung 6.3.1

100m

7 Isopachen (Linien gleicher Mächtigkeit)

7.1 Berechnung von Mächtigkeitsschwankungen

Wir haben bisher gesehen, wie die dreidimensionale Form geologischer Flächen unter der Berücksichtigung von Messungen des Fallens und Streichens, von Strukturlinien und/oder der Ausstrichform im Verhältnis zur Topographie analysiert werden kann. Ähnliche Techniken können auch zur Analyse von Veränderungen der Mächtigkeiten und Volumina von Gesteinskörpern eingesetzt werden. So kann z.B. die Mächtigkeit mancher Sedimentformationen oder -schichten innerhalb des Rinnensystems, in dem sie abgelagert wurden, schwanken. Die Untersuchung der Mächtigkeitsschwankungen ermöglicht uns die Rekonstruktion dieser Systeme und damit eine Bewertung ihrer dreidimensionalen Form und möglicherweise auch ihrer Entstehung. Die Beurteilung der Formen sowie Volumenberechnungen sind ebenfalls von Bedeutung bei der Bestimmung des wirtschaftlichen Potentials von Erzkörpern, mögen diese sedimentärer, magmatischer oder vulkanischer Entstehung sein.

Überall dort, wo wir mit oder ohne Bohrlochinformationen Strukturlinien für die Ober- und Unterseite von Gesteinskörpern ableiten können, sind wir auch in der Lage, Linien gleicher Mächtigkeiten (*Isopachen*) zu konstruieren. In einfachen Kartensituationen kann dort, wo sich die

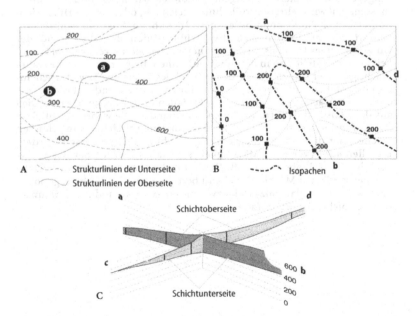

Abb. 38 A–C. Ableitung von Isopachen

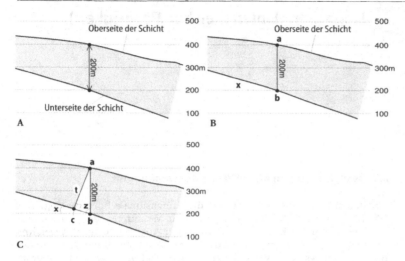

Abb. 39 A–C. Berechnung wahrer Mächtigkeiten

Strukturlinien für die Ober- und Unterseite einer Lage kreuzen, die vertikale Mächtigkeit leicht dadurch berechnet werden, daß wir den niedrigen Höhenwert vom höheren abziehen. So kreuzen sich in Abb. 38 A die Strukturlinien für die oberen (**a**) und die unteren (**b**) gekrümmt-planaren Grenzflächen einer Gesteinsschicht an mehreren Stellen. Diese sind in Abb. 38 B als schwarze Quadrate mit den daneben vermerkten vertikalen Mächtigkeiten markiert. Wenn wir nun diese Werte verbinden, erhalten wir die als dicke unterbrochene Linien ausgezogenen Isopachen. Beachten Sie, daß der Gesteinskörper eine etwa linsenförmige Gestalt aufweist (Abb. 38 C). In diesem Fall haben wir allerdings nur Veränderungen in der vertikalen und nicht der wahren Mächtigkeit betrachtet. Sollten wir hingegen auch letztere benötigen, so können wir sie entweder dadurch messen, daß wir mehrere Profilschnitte zeichnen, oder sie mit Hilfe trigonometrischer Funktionen berechnen. In Abb. 39 A ist ein senkrechter Schnitt gezeigt, in den sich die Strukturlinien der Ober- und der Unterseite eines Gesteinskörpers schneiden, wobei die vertikale Mächtigkeit an dieser Stelle 200 m beträgt. Wir können die hier entwickelte wahre Mächtigkeit berechnen, da wir den Winkel des Einfallens bzw. des scheinbaren Einfallens aus der Karte entnehmen können und außerdem die senkrechte Mächtigkeit kennen. Das Einfallen (**x** in Abb. 39 B) ergibt sich aus dem Abstand der Strukturlinien voneinander. Die wahre Mächtigkeit (**t**) müßte im rechten Winkel zu der am einheitlichsten einfallenden Fläche (hier der unteren Begrenzung in Abb. 39 C) gemessen werden. Einfallen sowie vertikale Mächtigkeit sind miteinander über das rechtwinklige Dreieck **abc** verknüpft. Der Winkel **z** (zwischen der Oberfläche und der vertikalen Mächtigkeit) kann berechnet werden: Er beträgt 90°-**x**, und daraus folgt, daß sin**z**=**t**/**ab** bzw. sin (90°-**x**)=**t**/**ab** und damit in unserem Beispiel **t**=sin (90°-**x**)/200 ist.

7.2 Übungen

7.2.1

In Abb. 40 kristalisierte intrudiertes magmatisches Material als Dolerit (Diabas) entlang dem Kontakt zwischen Sandstein und Tonstein. Bestimmen Sie aus dem Verhältnis zwischen Ausstrichform und Topographie die allgemeine Lagerung und die Form der Kontakte zwischen den verschiedenen Gesteinstypen und entwickeln Sie daraus Strukturlinien für Ober- und Unterseite des Dolerits.

Vermerken Sie, wo sich Strukturlinien dieser beiden Flächen kreuzen, und bestimmen Sie daraus die Schwankungen in der vertikalen Mächtigkeit des Dolerits über das gesamte Kartengebiet. Zeichnen Sie die Isopachen des Dolerits, indem sie Punkte gleicher Mächtigkeiten miteinander verbinden, und entwickeln Sie zur Illustration der Form dieses Gesteinskörpers sowohl ein N-S- als auch ein E-W-Profil.

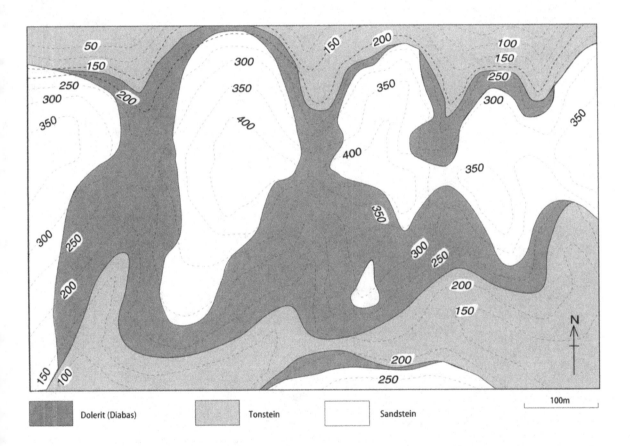

Dolerit (Diabas)   Tonstein   Sandstein

Abb. 40. Übung 7.2.1

7.2.2

Der in Abb. 41 gezeigte Tonstein enthält Barium in Konzentrationen, die eine wirtschaftliche Gewinnung ermöglichen, sofern die Vorräte ausreichend sind. Die Bergwerksgesellschaft muß dafür Ausdehnung und Mächtigkeit der Formation kennen und insbesondere die Stelle, an der die Schicht am mächtigsten ist. Analysieren Sie die Struktur des Kartengebietes, stellen Sie die horizontale Ausdehnung des Tonsteins fest und bestimmen Sie die Mächtigkeitsschwankungen sowohl vor als auch nach Einsetzen der Erosion, die zu der heutigen Topographie geführt hat.

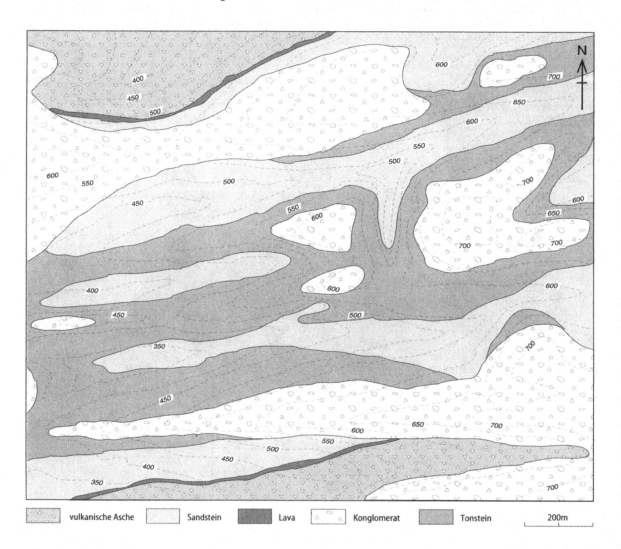

Abb. 41. Übung 7.2.2

8 Verwerfungen und Verschiebungen

8.1 Beurteilung von Relativbewegungen an Verwerfungen

Verwerfungen oder Störungen sind Brüche in der Erdkruste, die entstehen, wenn gerichtete Spannungen, meist eine Folge von Plattenbewegungen, die Bruchfestigkeit der entsprechenden Gesteinskörper überschreiten. Wenn diese Bewegungen entlang von Verwerfungen ruckartig auftreten, lösen die dabei auftretenden Erschütterungswellen Erdbeben aus. Obwohl die Einzelbewegungen in der Größenordnung von wenigen Zentimetern bis einigen Zehnern von Metern relativ klein sind, können andauernde kleine Bewegungen im Verlauf langer geologischer Zeiträume (Millionen von Jahren) zu großen Versetzungsbeträgen von mehreren hundert Metern oder Kilometern führen.

Die genaue Beurteilung der Bewegungen an Verwerfungen ist nicht nur dort von Bedeutung, wo wirtschaftlich wichtige Gesteinskörper versetzt werden, sondern auch dann, wenn wir verstehen wollen, wie sich die verschiedenen Verwerfungsarten bilden, und wir die Spannungsfelder untersuchen wollen, die während der geologischen Entwicklung eines Gebietes auftraten. Aus den in geologischen Karten enthaltenen Informationen können wir oft noch verhältnismäßig leicht die Relativbewegungen oder den *Versatz* entlang einer Verwerfung bestimmen, während die Bestimmung des wirklichen Betrages und der Richtung der Bewegung häufig eine genauere Analyse erfordert. So hat z.B. in Abb. 42 (A und B) eine Verwerfung eine geologische Fläche so versetzt, daß die linke Seite gegenüber der rechten abgesunken zu sein scheint. Die *Abschiebung* der geologischen Fläche entlang der Verwerfung ist nach links gerichtet. Wir können den Versatzbetrag mit Hilfe von auf der geologischen Fläche und der Verwerfungsfläche gezeichneten Strukturen bestimmen. In Abb. 42 B wurde die Fläche horizontal um den Betrag s verschoben und in Richtung des Einfallens der Verwerfung um **d**. Während uns diese Informationen zwar genaue Angaben zu den Versetzungsbeträgen entlang der Verwerfung liefern, ermöglichen sie uns jedoch nicht die Bestimmung der tatsächlichen Richtung des Versatzes und seiner Größe.

Abbildung 42 (C-F) zeigt, daß der gleiche Versetzungsbetrag durch verschiedene Verschiebungen (schwarze Pfeile) erreicht werden kann: durch eine Abwärtsbewegung auf der Verwerfungsfläche (Abb. 42 C), durch eine Bewegung im Streichen der Verwerfung (Abb. 42 D), durch schrägen Versatz entlang der Verwerfungsfläche (Abb. 42 E) oder durch komplexere Bewegungen. In allen diesen Fällen bleibt die abgesunkene Scholle die gleiche sowie auch Richtung und Größe der Verschiebung. Wenn wir die Richtung der Bewegung statt nur die Verschiebung selbst bestimmen wollen, benötigen wir offensichtlich noch mehr Informationen.

Wo Verwerfungsflächen im Gelände aufgeschlossen sind, zeigen sie manchmal Striemungen, Harnische oder eingeregelte Mineralfasern,

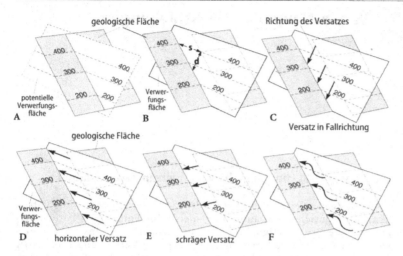

Abb. 42 A–F. Versatz entlang einer Verwerfung

die uns als direkte Hinweise auf die Richtung der Verschiebung dienen können. In vielen Fällen liegt jedoch der einzige Hinweis auf das Vorhandensein einer Verwerfung in der plötzlichen Änderung des Verlaufs und/oder der Lagerung von Gesteinskörpern auf beiden Seiten einer aufschlußfreien Zone. In solchen Fällen kann uns die Analyse der geologischen Karten anstelle von direkten Beobachtungen die Beurteilung von Größe und Richtung der Verschiebung entlang einer Verwerfung sowie auch des Versatzes ermöglichen.

8.2 Übung

8.2.1

Der in Abb. 43 dunkel eingezeichnete Ausstrich wird von einer Eisenerzformation unterlagert und wurde entlang der Verwerfung f versetzt. Das Erz soll abgebaut werden, und eine Bergwerksgesellschaft möchte die gesamte untertägige Erstreckung der eisenerzhaltigen Formation wissen. Bei der Lösung eines solchen Problems müßte ein Geologe nicht nur die Lagerung der Eisenerzformation bestimmen, sondern auch die Einflüsse der Verwerfung. Zu diesem Zweck ist es erforderlich, nicht nur die Strukturlinien für die Verwerfung abzuleiten, sondern auch für die Ober- und der Unterseite der Eisenerzformation. Um die Einflüsse der Verwerfung zu ermitteln, werden Sie auf beiden Seiten der Störung die Schnitte der Eisenerzformation mit der Verwerfungsfläche zeichnen müssen (s. Abb. 32 und 33). Dabei stellen Sie eine Karte des Ausstrichs der Eisenerzformation *auf* der Verwerfungsfläche her. Nach Durchführung dieser Schritte sollten Sie die Verschiebung parallel zum Streichen der Verwerfung und den Versatz in der Einfallsrichtung senkrecht dazu bestimmen und den Teil der Karte markieren, der von der Eisenerzformation unterlagert wird. Können Sie, wenn wir nur eine einzige Bewegung auf der Verwerfungsfläche bei ihrer Entstehung annehmen, sowohl Richtung als auch Größe des Versatzes auf der Verwerfung bestimmen?

Nachdem Sie versucht haben, die Karte zu analysieren, überprüfen Sie Ihre Methoden und Ergebnisse mit nachstehender Erläuterung.

Aus dem Verhältnis zwischen Ausstrichform und Topographie ergibt sich eindeutig, daß die Verwerfungsfläche in mäßigem Winkel nach ESE einfällt und die Eisenerzformation auf beiden Seiten der Verwerfung in flachem Winkel nach SSW. Diese Lagerung wird durch Abb. 44 A unterstützt, die die Strukturlinien für die Verwerfung und die Eisenerzformation zeigt, die aus Schnittpunkten der Ausstriche mit den

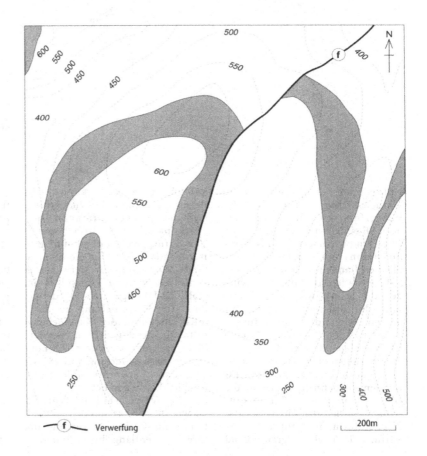

Abb. 43. Übung 8.2.1

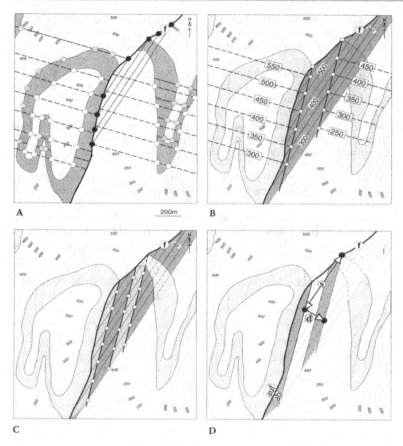

A

200m

B

C

D

Abb. 44 A–D. Analyse der Karte von Abb. 43

Höhenlinien abgeleitet werden können. Diese zeigen, daß die Verwerfung einheitlich mit 48° nach SE einfällt und daß es sich bei Ober- und Unterseite der Eisenerzformation um ebene geneigte Flächen handelt, die mit 19° nach SSW einfallen. In Abb. 44 B wurden die Schnittlinien der Unterseite der Eisenerzformation mit beiden Seiten der Verwerfungsfläche aus den Positionen (kleine Kreise) abgeleitet, an denen sich Strukturlinien gleicher Höhe kreuzen (s. auch Abb. 32). In Abb. 44 C wurden die Schnittpunkte für die Oberseite in gleicher Weise konstruiert, so daß die Ausstriche der Eisenerzformation auf der Verwerfungsfläche als hellgraues Band

gezeichnet werden kann. Die Bewegung entlang der Verwerfung hat die Eisenerzformation um 530 m parallel zum Streichen der Verwerfung verschoben und um 154 m entlang dem Einfallen, wobei beide Werte *auf* der Verwerfung gemessen werden (s und d in Abb. 44 D). Beachten Sie dabei, daß die Verschiebung in Einfallsrichtung in der Kartenebene mit 140 m abgegriffen werden kann, während sie wegen des Einfallens der Verwerfung von 48° SE *auf der Verwerfungsfläche* in Wirklichkeit 154 m beträgt.

Der Versatz auf der Störung ist wie in Abb. 42 dargestellt und könnte auf eine Bewegung im Streichen, entlang ihrem Einfallen

oder schräg zu beiden zurückzuführen sein. Wir müssen uns vor Augen halten, daß wir da, wo eine einzige ebene Fläche oder Scharen ebener Flächen entlang einer Verwerfung versetzt wurden, Richtung und Betrag der Verschiebung auf dieser Störung nicht bestimmen, sondern nur die Gesamtverschiebung messen können. Obwohl wir sagen können, daß der in Abb. 44 D östlich der Verwerfung liegende Bereich gegenüber dem westlich gelegenen abgesunken ist und damit die abgesunkene Scholle im SE liegt, bedeutet dies nicht, daß die eigentliche Verschiebung entsprechend entlang dem Einfallen der Störung abgelaufen ist.

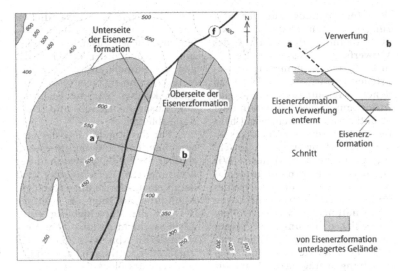

Abb. 45. Von einer Eisenerzformation unterlagerter Bereich in Abb. 43

Die von der Eisenerzformation unterlagerten Bereiche westlich der Störung werden durch den Ausstrich der Unterseite der nach SSW einfallenden Formation an der Erdoberfläche und den Verlauf dieses Kontaktes auf der Störungsfläche (Abb. 45) begrenzt. Auf der Ostseite der Störung wird der Bereich durch den Ausstrich der gleichen Grenzfläche an der Erdoberfläche und durch den Verlauf der Oberseite auf der Störungsfläche (Abb. 45) beschrieben.

Obige Analyse zeigt, daß in manchen Fällen zwar nicht genug Informationen vorhanden sein dürften, um Richtung und Betrag

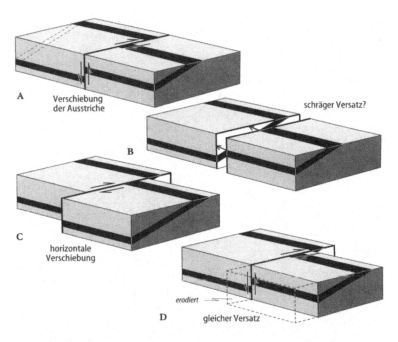

Abb. 46 A–D. Verschiebung von Ausstrichen und Bewegung entlang von Verwerfungen

der Verschiebung auf der Störungsfläche zu bestimmen, wir aber dennoch den Einfluß des Verwerfungsprozesses auf die Anordnung von Gesteinskörpern beurteilen können. In den Fällen, in denen wir nur die untertägige Ausdehnung einer Formation oder Struktur wissen wollen, reicht häufig die Kenntnis des Versatzes an der Verwerfung aus, um unsere Interpretation abzusichern. Wir benötigen jedoch mehr Information, wenn wir bei der Analyse des für die Störung verantwortlichen Deformationstyps wissen wollen, ob es sich dabei um Bewegungen im Streichen oder im Fallen der Störung handelte oder um Verschiebung schräg dazu. Wenn wir

die Geometrie der ursächlichen Spannungssysteme beurteilen wollen, müssen wir zusätzlich Beträge und Richtungen der Verschiebungen bestimmen anstatt nur den Versatz, denn nur aus diesen Angaben können wir die Richtung von Zusammenschub und Dehnung ableiten.

Für das Verständnis der entsprechenden Probleme ist es von größter Wichtigkeit, zwischen der Richtung der Verschiebung und dem Versatz klar zu unterscheiden. Abbildung 46 zeigt als weiteres Beispiel die Verschiebung einer Gesteinsschicht entlang einer Verwerfung. In Abb. 46 A deutet der Versatz der schwarzen Lage auf der Oberseite des Blockdiagramms, die

eine subhorizontale Landoberfläche darstellen soll, eine Verschiebung im Streichen der Störung an. Auf der senkrechten Vorderseite (einer nahezu senkrechten Steilwand) deutet der Versatz des Ausstrichs jedoch Auf-/Ab-Bewegungen an. Es handelt sich hierbei um eine häufig anzutreffende Situation, die auf verschiedenen Wegen entstehen kann. Der Versatz könnte z.B. durch schräge Verschiebung auf der Störungsfläche wie in Abb. 46 B gezeigt, entstanden sein. Das gleiche Ausstrichmuster könnte allerdings auch auf Blattverschiebungsvorgänge, wie in Abb. 46 C und D gezeigt, zurückzuführen sein.

8.3 Bestimmung von Verschiebungsrichtungen auf Störungen

Die Rekonstruktion von Verschiebungsrichtungen auf Störungen aus den in geologischen Karten enthaltenen Informationen bedient sich u. a. der Auffindung linearer geologischer Elemente, die auf beiden Seiten der Verwerfung auftreten und ursprünglich zusammenhingen. Gekrümmte Linien gekrümmt-planarer geologischer Flächen (wie z. B. Falten) und Schnittlinien ebener planarer, jedoch unterschiedlich gelagerter Flächen sind Beispiele solcher Elemente. In Abb. 47 A und B wird eine lineare Struktur von einer Verwerfung versetzt, deren Verschiebungsrichtung dadurch bestimmt werden kann, daß die relative Bewegungsrichtung der Punkte x und y auf der Störungsfläche festgestellt wird. Diese beiden Punkte bezeichnen die Stellen, an denen das lineare Element die Verwerfungsfläche durchsticht und die vor der Bewegung an derselben Stelle lagen, d.h. in a in Abb. 47 A. Wenn wir eine einheitliche Bewegungsrichtung bei der Bildung der Störung annehmen, ergibt sich die Verschiebungsrichtung durch den in Abb. 47 B eingezeichneten Pfeil.

Es ist jedoch von großer Wichtigkeit zu bedenken, daß wir eine einheitliche Verschiebungsbewegung bei der Anlage der Störung annehmen, was jedoch nicht immer zutreffen muß. Direkte Beobachtungen von Anzeichen für Verschiebungsvektoren wie Striemen, Stufenharnische oder Wachstum von faserigen Mineralen auf Störungsflächen, auch *Harnische* genannt, liefern die verläßlichsten Beweise für Verschiebungsrichtungen.

So wie lineare Elemente können auch senkrechte planare Strukturen wie z.B. Intrusivgänge manchmal überaus nützlich bei der Beurteilung von Verschiebungsrichtungen sein. Abbildung 48 zeigt einige charakteristische Merkmale für die Verschiebung solcher Strukturen.

In Abb. 48 A verläuft der senkrechte Gang im rechten Winkel zum Streichen der Störung, und die Verschiebungsrichtung auf dieser liegt parallel zu ihrem Einfallen (Abb. 48 B). Die Bewegungsrichtung fällt daher mit der Schnittlinie zwischen Gang und Verwerfung zusammen, und auf der Karte (Abb. 48 C) ist kein Versatz des Ganges a an der Verwerfung erkennbar. Wenn sich jedoch die Breite des Ganges mit der Tiefe ändert, ist eine Situation wie in b gezeigt, möglich. In beiden Fällen zeigt der Verlauf der Gänge auf beiden Seiten der Verwerfung, daß die Verschiebung in Richtung des Einfallens der Störung stattgefunden haben muß, da keine horizontale Verschiebung der Gänge entlang der Verwerfung feststellbar ist.

Wo der Winkel zwischen dem Streichen des Ganges und dem der Störung weniger als 90° beträgt (Abb. 48 D), überlagern sich die Verschiebungsrichtung und die Schnittlinie zwischen Gang und Verwerfung nicht mehr, und der Gang wird auf der Karte um so weiter versetzt, je größer der Betrag der Verschiebung ist (Abb. 48 D und E). Nach der

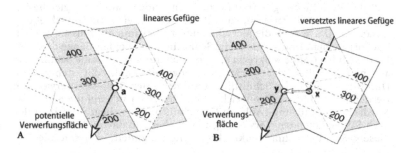

Abb. 47 A, B. Versatz einer linearen Struktur entlang einer Verwerfung

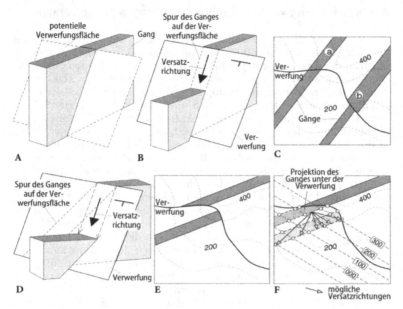

Abb. 48 A–F. Versatz von Gängen entlang einer Verwerfung

Situation auf der Karte allein zu urteilen, könnte ein solcher Versatz wie in Abb. 42 durch Verschiebung im Fallen, im Streichen oder schräg dazu verursacht worden sein. Dies ist in Abb. 48 F dargestellt, in der die Strukturlinien der Verwerfung und die Schnittlinien zwischen dem Gang und der Störungsfläche zusammen mit einigen der möglichen Verschiebungsvektoren dargestellt sind. Beachten Sie, daß der Versatz des Ganges an der Störung nicht notwendigerweise auf eine Blattverschiebung zurückzuführen ist.

Die obige Erörterung unterstreicht die Notwendigkeit, bei der Beurteilung von Verschiebungen entlang von Verwerfungen auf den Versatz von linearen Elementen zu achten. Wenn es sich um Intrusivgesteine handelt, stellen Schnittlinien zwischen unterschiedlich geneigten Gängen oder von Gängen mit anderen planaren Strukturen solche linearen Elemente dar.

In Abb. 49 A führt eine Verwerfung so zum Versatz von zwei Gängen, daß das Ausstrichmuster eine linkslaterale Verschiebung entlang der Verwerfung andeutet. Da beide Gänge dieselbe Richtung des Versatzes zeigen, könnte man annehmen, daß die Verschiebung entlang der Verwerfung in deren Streichen stattgefunden hat. Beachten Sie jedoch, daß der Verschiebungsbetrag (s) nicht in beiden Fällen der gleiche ist. Wäre dies der Fall gewesen, so hätte es sich um eine Blattverschiebung gehandelt. Um jedoch die Verschiebung zu bestimmen, müssen wir ein lineares Element finden, wie es die Schnittlinie der beiden Gänge darstellt. Da die beiden Gänge senkrecht stehen, muß ihre gemeinsame Schnittlinie auf beiden Seiten der Verwerfung ebenfalls senkrecht stehen. Die Durchstichpunkte der Schnittlinien auf der einen Seite der Verwerfung werden mit **w** und **x** gekennzeichnet und beziehen sich auf die Süd- bzw. Nordseite der Störung (Abb. 49 C). Schnittpunkt **w** liegt unterhalb der nach SW einfallenden Verwerfung und **x** oberhalb davon. Da es sich bei diesen Schnitten um senkrechte Linien handelt, müssen sie die

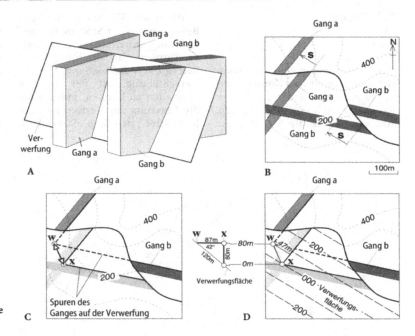

Abb. 49 A–D. Versatz einer Schnittlinie durch eine Verwerfung

Störungsfläche unmittelbar unter den Punkten w bzw. x treffen. Da sie vor Bildung der Verwerfung zusammenhingen, ergibt die Verbindungslinie zwischen beiden auf der Verwerfungsfläche (Pfeil in Abb. 49 C) den Verschiebungsvektor.

Bei der Verschiebung entlang der Verwerfung handelte es sich um schräge Verschiebung, wobei der südwestlich der Verwerfung liegende Block relativ zum nordöstlich gelegenen abgesunken ist,oder dieser gehoben wurde. Da wir aus der Karte die Höhendifferenz zwischen den Punkten w und x berechnen und den scheinbaren Einfallswinkel der Störung in Richtung der Verschiebung bestimmen können (Abb. 49 D), können wir auch den Betrag der Verschiebung messen. Die Störung führte zu einem horizontalen Versatz von 47 m und zu einem vertikalen von 80 m. Der Verschiebungsvektor verläuft jedoch von 338 nach 158, und die Verschiebung auf der Verwerfungsfläche in dieser Richtung beträgt 120 m (Abb. 49 D). Beachten Sie jedoch, daß sich in diesem Fall aus dem Versatz von Gang **a** allein aus der Tatsache, daß er senkrecht steht und im rechten Winkel zum Streichen der Störung verläuft, ergibt, daß die Verschiebung auf der Störung eine Horizontalbewegungskomponente enthalten haben muß. Dies resultiert daraus, daß anders als in Abb. 48 C der Ausstrich des Ganges durch die Störung versetzt wurde.

8.4 Übung

8.4.1

Die Verwerfung in Abb. 50 schneidet und versetzt den Kontakt zwischen einem Tonstein und einem Sandstein sowie einem Basaltgang. Analysieren Sie die Struktur der Karte, wobei Sie eine einheitliche Bewegung auf der Störung in einer Richtung annehmen sollten, und bestimmen Sie Richtung und Betrag der Verschiebung. Um die Verschiebung auf der Störung beurteilen zu können, müssen Sie die Lagerung der Verwerfung, des Kontaktes zwischen Tonsteinen und Sandsteinen und der Basaltkörper bestimmen. Sie müssen außerdem eine Schnittlinie finden, die vor Einsetzen der Verwerfung durchgehend war, und deren Lagerung bestimmen. Stellen Sie wie in Abb. 47 fest, wo auf beiden Seiten der Verwerfung die Durchstichpunkte dieser Linie liegen.

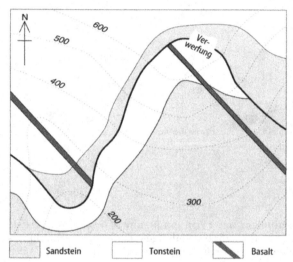

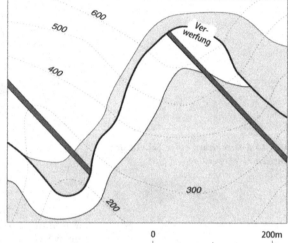

Sandstein   Tonstein   Basalt

Abb. 50. Übung 8.4.1

9.1 Klassifizierung von Störungen

Einfachere Klassifizierungen von Störungen gehen von einem Zusammenhang zwischen der Lagerung der Verwerfung und der Verschiebungsrichtung auf ihr aus, wobei berücksichtigt wird, daß die für das Zerbrechen der Kruste verantwortlichen Spannungsfelder üblicherweise im rechten Winkel und parallel zur Erdoberfläche verlaufen. Die normalerweise vorkommenden Störungsarten sind in Abb. 51 dargestellt.

In Abb. 51 A werden Gesteinsschichten in einem Blockdiagramm gezeigt, dessen Oberfläche horizontal, d.h. parallel zur Erdoberfläche verläuft. In Abb. 51 B liegt die durch Pfeile angedeutete Verschiebungsrichtung auf der mit 60° einfallenden Störung im Einfallen der Störungsfläche. Störungen dieser Art werden als *Abschiebungen* bezeichnet. In Abb. 51 C verläuft die Verschiebung gegen das Einfallen der mit 30° geneigten Störungsfläche wir haben es hier mit einer *Überschiebung* zu tun. In Abb. 51 D fand die Verschiebung im Streichen einer senkrechten Störungsfläche, d.h. horizontal statt, eine Situation, die als *Blattverschiebung* bezeichnet wird. Würde das Einfallen der Störung in Abb. 51 C mehr als 45° betragen, so sprächen wir von einer *Aufschiebung*. Beachten Sie, daß eine Abschiebung zu einer Dehnung der Kruste in hori-

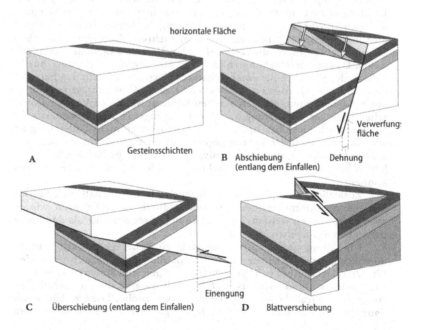

Abb. 51 A–D. Arten einfacher Verwerfungen

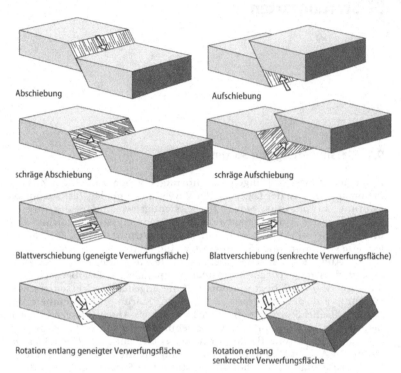

Abschiebung

Aufschiebung

schräge Abschiebung

schräge Aufschiebung

Blattverschiebung (geneigte Verwerfungsfläche)

Blattverschiebung (senkrechte Verwerfungsfläche)

Rotation entlang geneigter Verwerfungsfläche

Rotation entlang
senkrechter Verwerfungsfläche

Abb. 52. Klassifikation von horizontalen und vertikalen Verschiebungen an Verwerfungen

zontaler Richtung senkrecht zu ihrem Streichen führt, eine Über- oder Aufschiebung jedoch zu einem Zusammenschub in der gleichen Richtung. Eine Blattverschiebung kann sowohl zu horizontaler Dehnung als auch zu einem Zusammenschub schräg zu ihrem Streichen führen. Störungen dieser Art können sich über mehrere Kilometer erstrecken, jedoch gehören nicht alle anzutreffenden Verwerfungen zu diesen drei Arten. Da die Verschiebung entlang von Störungen nicht immer nur im Fallen oder Streichen der entsprechenden Flächen stattgefunden hat, muß obige einfache Klassifizierung erweitert werden. Abbildung 52 zeigt einige der Modifikationen, die sich ergeben können, wenn das Verhältnis zwischen Lage der Verwerfung und der Bewegungsrichtung verändert wird. Obwohl auch diese beschreibende Klassifizierung nicht vollständig ist, wird ihr hier doch der Vorzug gegeben, da sie nicht davon ausgeht, daß die Spannungen immer parallel oder rechtwinklig zur Erdoberfläche verlaufen oder daß Störungen nach ihrer Entstehung nicht verstellt werden können.

Zusätzliche Komplikationen ergeben sich daraus, daß viele Störungen eher gekrümmt als eben sind, und dadurch, daß Störungen, wie wir später noch sehen werden, als Teile komplexerer Systeme als den bisher behandelten entstehen können.

Abbildung 53 zeigt die Geometrie einfacher gekrümmt-planarer Störungen, die als *listrische* Auf- oder Abschiebungen bezeichnet werden. Ein Charakteristikum von listrischen Störungen sind systematische Änderungen ihres Einfallswinkels, die dazu führen, daß die Störungsflächen stellenweise parallel oder nahezu parallel zur Erdoberfläche verlaufen und dabei in vielen Sedimentgesteinsabfolgen parallel zu den Schichtflächen.

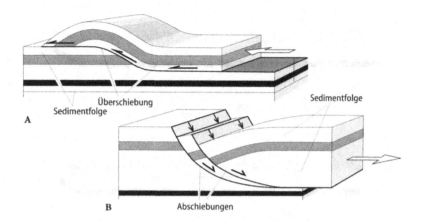

Abb. 53 A, B. Listrische Verwerfungen

In anderen Fällen kann ihr Einfallen allmählich zunehmen und die Schichtflächen schneiden (Abb. 53).

9.2 Listrische Überschiebungen

In Abb. 54 setzt sich eine durch Zusammenschub ausgelöste listrische Überschiebung durch eine Abfolge flachliegender Sedimente fort. Sie entsteht zunächst parallel zur Schichtung in einem *Abscherhorizont* (Abb. 54 B), steigt dann allmählich durch die Schichtung hindurch entlang einer *Rampe* auf und verläuft dann wieder flacher in Bewegungsrichtung in einem weiteren Abscherhorizont (Abb. 54 B und C). Beachten Sie, daß der Teil über der Überschiebung als *Hangendes* bezeichnet wird und der darunterliegende als *Liegendes* (Abb. 54 C). Obwohl das Einfallen von Überschiebungsrampen meist weniger als 30° beträgt, müßten wir sie bei einem Einfallen von mehr als 45° nach der oben dargestellten einfachen Klassifizierung von Störungen als Aufschiebungen bezeichnen.

Als Folge der Bewegung auf und über die Rampe wurden Gesteine in Hangenden der Überschiebung zu einem Synform-Antiform-Paar verfaltet (Abb. 54 B und C). Solche Art Falten stellen typische mit listrischen Überschiebungen vergesellschaftete Strukturen dar. Ein weiteres Charakteristikum von Überschiebungen besteht darin, daß die Verschiebung, die häufig, aber nicht immer gegen das Einfallen der Rampe abläuft, nicht nur zu einem Zusammenschub, sondern auch zu einer Verdickung der Kruste führt, wie z.B. über der Rampe und dem oberen Abscherhorizont in Abb. 54 C. Die Verschiebung entlang der Störung führte zu einer Verschiebung des Hangenden um den Abstand d (in Abb. 54 C).

Wo es sich um großräumige Überschiebungen handelt, bei denen die Verschiebungen mehrere Kilometer betragen, wird das Gesteinspaket über der Störungsfläche (in deren Hangendem) häufig als *Überschiebungsdecke* bezeichnet. Statt in Form einer einzigen Störung treten Überschiebungen üblicherweise in komplexen, miteinander verbundenen Systemen auf, die auch als *Überschiebungskomplexe* oder *-zonen* bezeichnet werden. In diesen können die summierten Überschiebungsbeträge in der Größenordnung von mehreren Zehnern von Kilometern liegen.

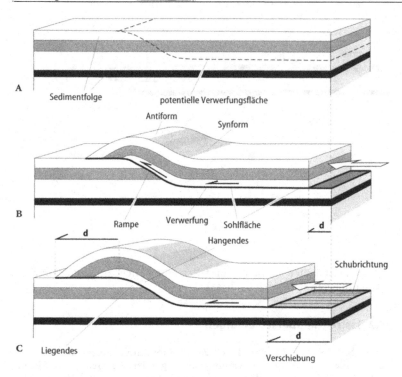

A — Sedimentfolge · potentielle Verwerfungsfläche

Antiform · Synform

B — Rampe · Verwerfung · Sohlfläche · d · d · Hangendes

Schubrichtung

C — Liegendes · Verschiebung · d

Abb. 54 A–C. Entwicklung einer Überschiebung

9.3 Listrische Abschiebungen

Listrische Abschiebungen treten bei Krustendehnung auf, und die Verschiebung findet häufig, aber nicht immer, in Richtung des Einfallens der Störungsfläche statt. Ihre gekrümmt-planare Form bedingt flach einfallende Abscherhorizonte und steile Rampen, wie wir sie von listrischen Überschiebungen kennen. Wenn die Dehnung weiter voranschreitet, wird die potentielle Entwicklung einer Dehnungsfuge (Abb. 55 B) dadurch verhindert, daß das Gesteinspaket im Hangenden unter dem Einfluß der Schwerkraft einbricht (Abb. 55 C). Dies führt entweder zu einer sogenannten „Roll-over-Antiklinale" entlang der Störung und/oder zu begleitenden *antithetischen Abschiebungen*, die gegen die Hauptstörung geneigt sind und die Gesteine in dieser Richtung zurückversetzen (Abb. 55 C und D). Da antithetische und Hauptdehnungsverwerfung in Abb. 55 D bei der gleichen Deformationsphase gebildet werden und Einfallen und Versetzungsrichtung jeweils gegeneinander gerichtet sind, sprechen wir hier von *verknüpften Verwerfungen*. Alternativ kann weitere Dehnung durch die Bildung von einer oder mehreren *synthetischen Abschiebungen* aufgenommen werden, die sich parallel zu der ersten entwickeln (Abb. 55 E, Verwerfung 2). In vielen Fällen können die bei Dehnung auftretenden Störungssysteme sowohl synthetische als auch verknüpfte antithetische Störungen umfassen, so daß entsprechende Verwerfungszonen sehr komplex sein können. Wie bei anderen Verwerfungsarten können auch diese Systeme zu sehr großen kumulierten Verschiebungsbeträgen führen und bei Dehnungsverwerfungen zur Absenkung der Kruste und zur Bildung größerer Sedimentationsbecken führen.

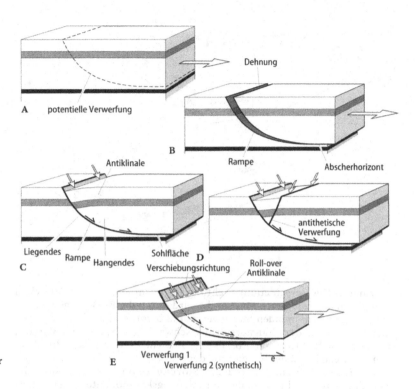

Abb. 55 A–E. Entwicklung listrischer Abschiebungen

Verknüpfte Verwerfungssysteme treten nicht nur bei Dehnungsvorgängen auf, sondern können sich in Verbindung mit jeder anderen Art von Störung entwickeln.

9.4 Verknüpfte Störungssysteme

Das Auftreten komplexer Störungssysteme bei Zusammenschub bzw. Dehnung modifiziert zusätzlich die obige einfache Unterteilung in Abschiebungen, Aufschiebungen, Überschiebungen und Zerrungsverwerfungen. Sowohl bei Zusammenschub als auch bei Dehnung, und dabei auch bei Blattverschiebungen, schwankt nicht nur die Lagerung der Störungen beträchtlich bis zur Bildung verknüpfter Systeme, sondern die Verschiebungsrichtungen auf den entsprechenden Störungsflächen stehen nicht unbedingt immer in direkter Verbindung zur Einfallsrichtung. So erkennen wir z. B. in Abb. 52 senkrechte Störungsflächen, entlang denen senkrechte oder schräge Verschiebung stattgefunden hat, und flach einfallende Störungen, die mit Blattverschiebungsbewegungen in Verbindung stehen. Abbildung 56 zeigt als Beispiel für derartige komplexe Vorgänge eine Situation, bei der Gesteine in einem verknüpften System listrischer Abschiebungen zerbrochen sind.

Die beiden listrischen Abschiebungen **a** und **b** werden durch die senkrechte Störung **c-d** verbunden, die aufgrund der Tatsache, daß alle diese Störungen zur gleichen Zeit entstanden, als *Transferstörung* bezeichnet wird. Sie transferiert die Verschiebung von Störung **a** zur

63

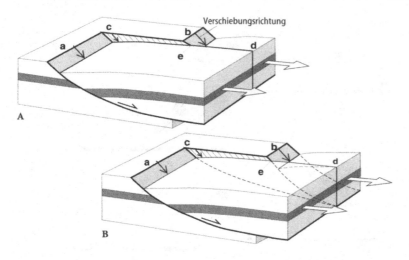

Abb. 56 A, B. Schräge Verschiebung verursacht durch Transferstörung

Störung **b.** Die Verschiebungsrichtung liegt schräg zu ihrem Streichen und Fallen, und die Bewegung auf ihr wird durch die Bewegungsrichtung auf den sie bestimmenden Störungen **a** und **b** vorgegeben. Der Verschiebungsbetrag auf der Transferstörung schwankt entlang ihrem Verlauf, wie auch die Richtung der Absenkung. Zwischen **c** und **e** liegt die abgesunkene Scholle auf der linken Seite der Störung, zwischen **e** und **d** hingegen auf der rechten. Obwohl die Störung senkrecht steht und die Verschiebung eine horizontale Verschiebungskomponente enthält, handelt es sich nicht um eine Blattverschiebung im engeren Sinne. Da die Bildung der „Roll-over-Antiformen" eine Rotation beinhaltet, sind die Verschiebungsvektoren gekrümmt, und es handelt sich dabei um komplexe *Rotationsstörungen.*

Auf Karten sind Rotationsstörungen durch abruptes Aneinanderstoßen von Störungen unterschiedlicher Streichrichtungen gekennzeichnet sowie durch Änderungen im Verschiebungssinn entlang der Verwerfung. In Abb. 57 werden z.B. zwei NE-SW-verlaufende Dehnungs-

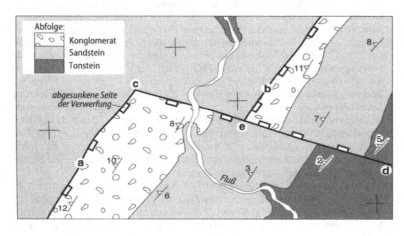

Abb. 57. Transferstörung

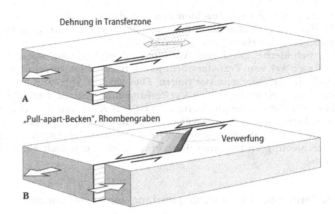

Dehnung in Transferzone

A

„Pull-apart-Becken", Rhombengraben

Verwerfung

B

Abb. 58 A, B. Verknüpfte Seitenverschiebungen

verwerfungen durch eine NW-SE-verlaufende Transferstörung verbunden. Beachten Sie, daß sich die abgesunkene Scholle entlang der Transferstörung dort ändert, wo sie mit der nördlichen Dehnungsstörung zusammentrifft. Die Zunahme des Schichtfallens mit Annäherung an die Dehnungsstörungen weist auf die Anwesenheit eine „Roll-over-Antiklinale" hin und damit auf die listrische Natur der Verwerfungen.

Verknüpfte Verwerfungssysteme sind weit verbreitet und treten sowohl bei Verwerfungen im Zusammenhang mit Kompression als auch mit Dehnung auf. In Abb. 58 werden z.B. Blattverschiebungen mit dem gleichen Verschiebungssinn durch eine Dehnungsverwerfung verbunden, die sich als Folge des Versatzes entlang den Hauptverwerfungen herausbildete. Aufgrund der Bewegungsrichtung auf den Blattverschiebungen und der entsprechenden Versatzrichtung entstehen in der Transferzone Zerrungsspannungen, die durch die Verwerfung ausgeglichen werden.

Wenn die Bewegung auf den Hauptverwerfungen weiter voranschreitet, ermöglicht die Ausbildung einer listrischen Dehnungsverwerfung die Dehnung der Gesteine in der Transferzone. Der Einbruch des Hangenden führt zur Bildung eines Zerrungsbeckens, eines sogenannten *„Pull-apart-Beckens"* (Rhombengraben; Abb. 58 A und B). Die die Hauptverwerfungen in Abb. 58 verbindende Transferstörung ist in Abb. 59 A in der

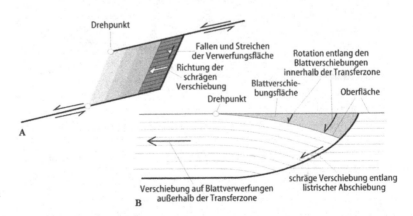

Drehpunkt

Fallen und Streichen
der Verwerfungsfläche

Rotation entlang den
Blattverschiebungen
innerhalb der Transferzone

Richtung der
schrägen
Verschiebung

Blattverschie-
bungsfläche

Oberfläche

Drehpunkt

A

Verschiebung auf Blattverwerfungen
außerhalb der Transferzone

schräge Verschiebung entlang
listrischer Abschiebung

B

Abb. 59 A, B. Verschiebunsrichtungen an Seitenverschiebungen

Kartenebene dargestellt. Beachten Sie, daß die Verschiebungsrichtung (Pfeil) nicht im Einfallen der Störungsfläche liegt, sondern parallel zur Streichrichtung der Hauptblattverschiebungen.

Da sich hierbei „Roll-over-Antiklinalen" bilden, muß Rotation als Folge dieser Art von Transferstörungen auf den Blattverschiebungen innerhalb der Transferzone stattfinden. Dies wird in Abb. 59 B für einen Schnitt entlang einer der beiden Verwerfungen dargestellt. Beachten Sie, daß zwar die Nettobewegung horizontal ist, das Absacken der Hangendseite des listrischen Dehnungsverwerfungsblocks in Form einer „Rollover-Antiklinale" jedoch zu Rotation führt. Jenseits der Angelpunkte ist die Verschiebung entlang den Blattverschiebungen jedoch einheitlich horizontal.

9.5 Änderung der Verschiebung entlang von Verwerfungen

Die Bewegung der Gesteine in der in Abb. 59 dargestellten Transferzone beinhaltet offensichtlich eine Rotationskomponente. Beachten Sie außerdem, daß der Verschiebungsbetrag systematisch mit Abstand vom Drehpunkt zunimmt. Änderungen in Richtung und Größe der Verschiebung entlang von Verwerfungen können auch dadurch entstehen, daß Störungsflächen in ihrer Erstreckung begrenzt sind Versetzungen müssen zu den Seiten hin irgendwo auslaufen, da sich keine Verwerfung, wie groß sie auch immer sein mag, um die gesamte Erde herum fortsetzt.

So handelt es sich z.B. bei den in Abb. 60 dargestellten Störungen um verknüpfte zerrungsbedingte Abschiebungen, die das Absinken eines Teiles der Kruste verursachen und damit einen Grabenbruch entstehen lassen. Viele dieser Verwerfungen erstrecken sich nur über eine geringe Entfernung im Streichen, und die Verschiebungsbeträge schwanken daher zwischen Null und einem Maximalwert. Ob die Verschiebung eine Rotationskomponente enthält oder nicht, hängt von der Art des Mecha-

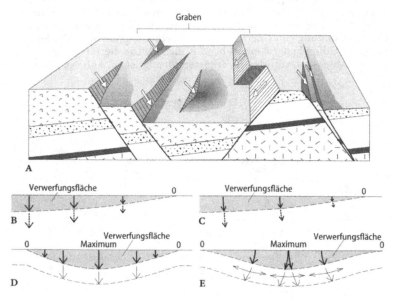

Abb. 60 A–E. Schwankungen des Versatzes entlang von Verwerfungen

nismus ab, nach dem die Hangendgesteine absinken. Einheitlicher Transport in Richtung des Einfallens der Störungen (Abb. 60 B) führt zu einheitlich gerichteter Verschiebung mit allerdings unterschiedlichen Beträgen. Andererseits führen Rotation und Dehnung der Hangendgesteine (Abb. 60 C) zu unterschiedlichen Versetzungsbeträgen bei rotierender Verschiebung. So wie die Verwerfungen in beiden Richtungen entlang dem Streichen auslaufen, können sich Änderungen in Betrag und Richtung der entsprechenden Verschiebungen wie in Abb. 60 D und E gezeigt, ergeben. Solche lateralen Uneinheitlichkeiten und ihre Folgen treten sowohl bei Verwerfungen auf, die im Zusammenhang mit Dehnungen stehen, als auch bei solchen, die auf Zusammenschub zurückzuführen sind.

Während diese kurze Beschreibung von Verwerfungsarten und -systemen bei weitem nicht alle Möglichkeiten erfaßt, reicht sie doch aus, um klarzustellen, daß eine Klassifizierung von Verwerfungen nach Abschiebungen, Aufschiebungen, Überschiebungen bzw. Blattverschiebungen mit Verschiebung nur im Einfallen bzw. Streichen der Störungsfläche eine grobe Vereinfachung darstellt. Die Untersuchung der Geometrie von Verwerfungen und der Bewegung auf ihnen erfordert eine sorgfältige dreidimensionale Analyse, da sich sonst leicht Fehler in der Interpretation einschleichen können.

9.6 Sedimentation und Verwerfungen

Bisher haben wir uns mit Verwerfungen von bereits vorher abgelagerten und verfestigten Gesteinen beschäftigt. Viele Sedimentationsbecken bilden sich jedoch als Folge von Verwerfungsvorgängen, und in solchen Becken können Bewegungen entlang von Störungen von aktiver Sedimentation begleitet werden. Solche Situationen können auf Karten häufig an lateralen Änderungen in Art und/oder Mächtigkeit von Sedimenten erkannt werden, die entlang von Verwerfungen oder auf den gegenüberliegenden Schollen abgelagert wurden.

In Abb. 61 A–C wird die Entwicklung eines Teiles eines Sedimentationsbeckens durch Bewegungen entlang einer Zerrungsverwerfung gesteuert. Wenn wir davon ausgehen, daß sich Sedimentmaterial rascher im tieferen Teil des Beckens bei fortschreitender Absenkung entlang der Verwerfung ansammelt, kann sich die in Abb. 61 B gezeigte Situation einstellen. Weitergehende Bewegungen entlang der Störung und Sedimentation würden dann zu unterschiedlichen Sedimentmächtigkeiten auf beiden Seiten der auslösenden Verwerfung führen (Abb. 60 C). Es können sich auch Veränderungen in der Art der Sedimente in Abhängigkeit von der Entfernung zur Verwerfung ergeben, wie durch die Folge **a–b–c** in Abb. 60 B und C dargestellt. So würden sich z.B. grobe Sedimente (**b**) näher an der Verwerfung und dabei auf der abgesunkenen Scholle ansammeln, die dann seitlich in feinere Sedimente (**c**) übergehen können.

Bei einer Rotation der Schollen, in einer Abfolge in Abb. 61 D–F dargestellt, werden die in der Anfangsphase der Beckenentwicklung abgelagerten Sedimente verkippt vorliegen und Keile bilden, die räumlich mit der Lage der Verwerfungen in Verbindung gebracht werden können (Abb. 61 E). Außerdem sollten die Sedimentfolgen in Richtung der Verwerfungen mächtiger werden (Abb. 61 F).

Wo die Entwicklung des Beckens durch listrische Dehnungsverwerfungen kontrolliert wird, hängen die Mächtigkeitsveränderungen der Sedimentfolgen nicht nur von Senkungsraten und den angelieferten Sedimentmassen ab, sondern auch vom gekrümmten Verlauf der

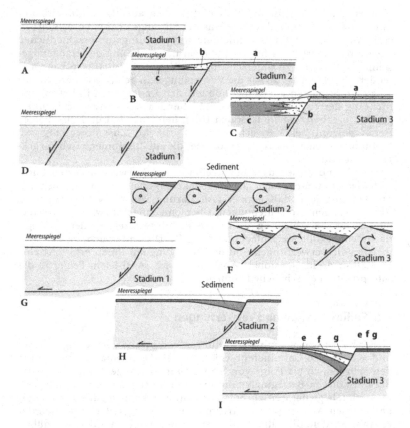

Abb. 61 A–I. Synsedimentäre Verwerfungen

Verwerfungen selbst. In Abb. 61 G–I wird die allmähliche Sediment-ansammlung in einem Becken gezeigt, die sich aufgrund kontinuierlicher Bewegungen entlang einer dehnungsbedingten listrischen Verwerfung bildet. Eine solche Situation wird durch plötzliche Mächtigkeitsverände-rungen einzelner Formationen über die Störung hinweg charakterisiert und durch eine allmähliche Mächtigkeitszunahme auf der Hangend-scholle in Richtung auf die Verwerfung zu.

Störungen, die während Sedimentationsphasen aktiv sind, werden als synsedimentäre Verwerfungen bezeichnet.

9.7 Übungen

9.7.1

Bestimmen Sie mit Hilfe der Verhältnisse zwischen Ausstrichform und Topographie und den Strukturlinien die Struktur des in Abb. 62 dargestellten Gebietes. Zeichnen Sie einen genauen Schnitt entlang der Linie **a–b** mit dem angegebenen topographischen Profil. Bestimmen Sie die Art der Verwerfung und das Verhältnis zwischen Faltungs- und Verwerfungsvorgängen. Wie ist die wahrscheinliche Richtung und der Versetzungsbetrag auf der Verwerfung?

Beachten Sie, daß die Abfolge der Sedimente und Vulkanite in zeitlicher, d.h. stratigraphischer Folge angegeben ist (s. dazu Abschnitt 2.1). Damit wissen Sie, in welcher Reihenfolge die Sedimente abgelagert wurden, d.h. welche die jüngsten und welche die ältesten sind. Bei der Beurteilung der Struktur dieses und jedes anderen Gebietes ist es von größter Wichtigkeit, nicht nur Punkte bekannter Höhe auf einer Fläche, die aus dem Verhältnis zwischen Topographie und Ausstrichform abgeleiteten Einfallsrichtungen sowie die Lage geologischer Kontakte und der Verwerfung auf der Profillinie festzulegen, sondern auch die Schnittlinien zwischen den verschiedenen planaren Elementen wie z.B. zwischen den Formationsgrenzen und der Störungsfläche.

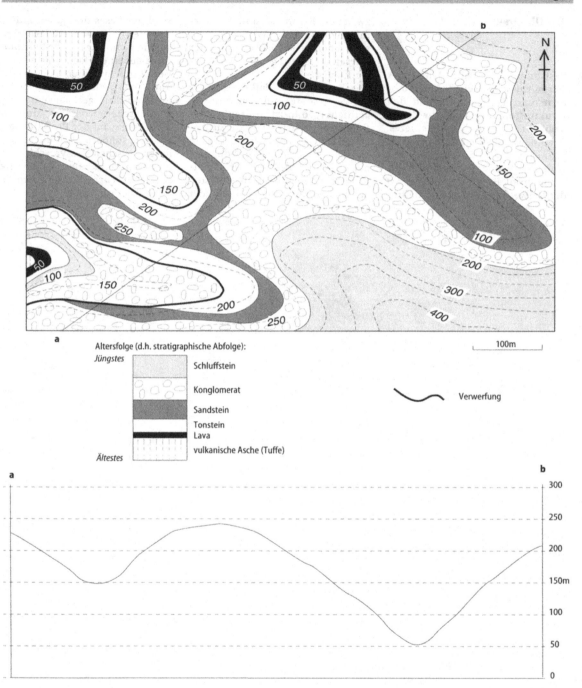

Abb. 62. Übung 9.7.1

9.7.2

Bestimmen Sie die Lagerung aller in Abb. 63 auffindbaren geologischen Kontakte und Verwerfungen mit Hilfe der Verhältnisse zwischen Ausstrichform und Topographie und den verschiedenen Strukturlinien. Welche Verwerfungen können über das Flußtal hinweg verbunden werden? Zeichnen Sie auf der Karte, bei bekannter strati-graphischer Abfolge, für jede Störung die abgesunkene Scholle ein. Bevor Sie dann das Profil zeichnen, versuchen Sie, ausgehend von diesen Daten die Art der vorhandenen Verwerfungen und die wahrscheinlichen Verschiebungsrichtungen auf ihnen zu bestimmen.

Konstruieren Sie dann mit allen Informationen aus der Karte das Profil **a–b**. Achten Sie dabei darauf, daß Sie nicht nur die Lage der Kontakte, Intrusionen und Verwerfungen genau einzeichnen, sondern auch die Schnittlinie der Kontakte mit den Verwerfungen, die der Verwerfungen untereinander und die der Intrusionen mit den Verwerfungen. Bestimmen Sie Richtung und Ausmaß der Verschiebung auf den Verwerfungen. Welche Annahmen treffen Sie dabei?

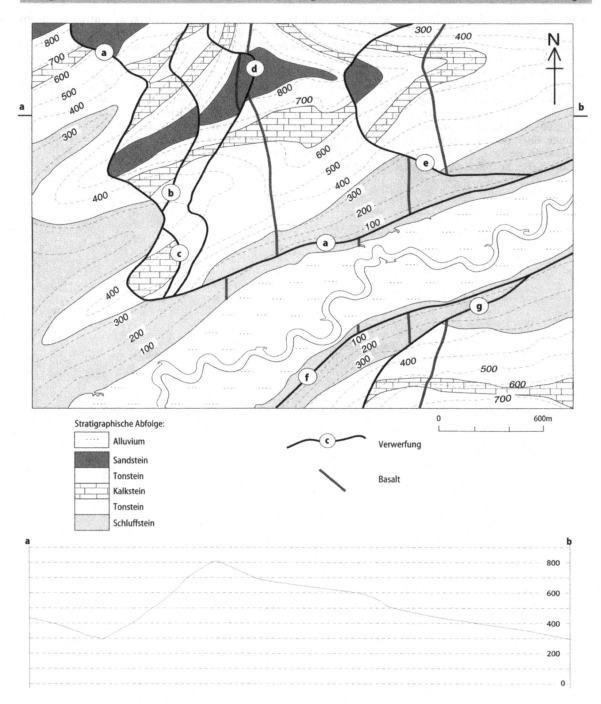

Stratigraphische Abfolge:

- ---- Alluvium
- Sandstein
- Tonstein
- Kalkstein
- Tonstein
- Schluffstein

Verwerfung

Basalt

0 600m

Abb. 63. Übung 9.7.2

10 Falten

10.1 Faltengeometrie

Während die meisten Verwerfungen das spröde Verhalten von Gesteinen unter Spannung widerspiegeln und das Resultat von Zusammenschub oder Dehnung der Kruste sind, stellen die meisten Falten eine duktile (plastische) Reaktion auf einen Zusammenschub der Kruste dar. Ihre Ausmaße reichen von mikroskopischer Größe bis zu Strukturen, die sich über mehrere Zehner von Kilometern erstrecken. In einfachen Situationen erkennen wir, wie Falten geschichtete Sedimentfolgen erfassen, die vor der Faltung nahezu parallel zur Erdoberfläche lagen. In der Vergangenheit wurden zur Beschreibung solcher Aufwölbungen oder Absenkungen in den Schichtfolgen die Ausdrücke *Antiklinale* und *Synklinale* gebraucht (Abb. 64).

In Abb. 64 A ist eine Abfolge von Sedimenten dargestellt, die mit abnehmender Altersfolge **a–e** in einem Sedimentationsbecken über einem Basement aus älteren Gesteinen abgelagert wurden. Anschließender Zusammenschub führte zu Faltung und Überschiebungen, was wiederum laterale Bewegungen und eine senkrechte Mächtigkeitszunahme der

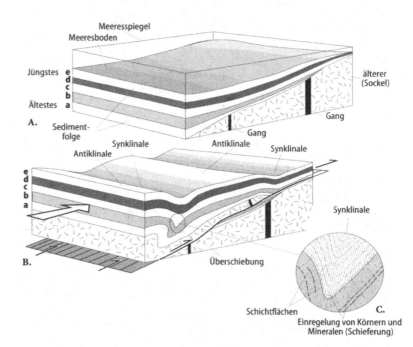

Abb. 64 A–C. Entwicklung von Falten

Kruste verursachte (Abb. 64 B). Beachten Sie, daß ältere Sedimente in den Kernen der Aufwölbungen näher an die Erdoberfläche gebracht werden, während jüngere Sedimente in den Kernzonen der Absenkungen in tiefere Bereiche verlagert werden. Wo klar ist, daß Aufwölbungen in ihren Kernen ältere Gesteine enthalten, werden sie Antiklinalen (Sättel) genannt, Absenkungen mit jüngeren Gesteinen in den Kernzonen hingegen Synklinalen (Mulden). Da jedoch Situationen auftreten können, bei denen Absenkungen ältere Gesteine in ihren Kernzonen aufweisen und umgekehrt, oder solche, bei denen das relative Alter der betroffenen Gesteine nicht bekannt ist, sollten die Ausdrücke *Antiform* und *Synform* für entsprechende Aufwölbungen und Absenkungen verwendet werden.

Abb. 64 C stellt eine Nahansicht einer der in Abb. 64 B gezeigten Falten dar, aus der ersichtlich wird, daß die Gesteine während der die Falten verursachenden Verformung einer inneren Beanspruchung unterworfen sind, bei der die einzelnen Körner oder Minerale eingeregelt wurden. Die durch eine solche Einregelung verursachte planare Textur wird als *Schieferung* bezeichnet. Wie später noch zu zeigen sein wird, steht sie geometrisch mit den Falten in Verbindung (Abb. 64 C).

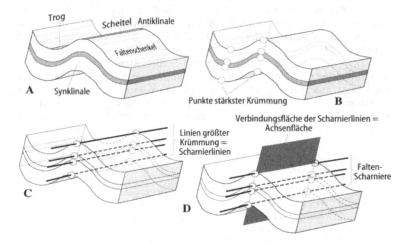

Abb. 65 A–D. Faltennomenklatur

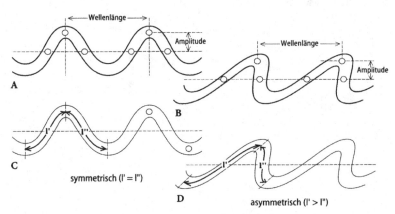

Abb. 66 A–D. Wellenlänge und Amplitude

74

Die grundlegende bei der Beschreibung der Falten benutzte Nomenklatur wird in Abb. 65 und 66 zusammengefaßt.

Die *Scheitellinie* stellt die Linie (oder Zone) der höchsten topographischen Erhebung in einer Antiform dar, der *Faltentrog* hingegen die Linie (oder die Zone) der geringsten topographischen Höhe in einer Synform (Abb. 65 A). *Faltenschenkel* gehören jeweils zu benachbarten Antiformen und Synformen (Abb. 65 B). Es kann sich bei ihnen um relativ schwach geneigte Flächen oder Schichten handeln, oder sie können auch sinusartig gewölbt sein. In Schnitten durch die meisten Falten können wir Punkte größter Krümmung für jede gefaltete Fläche festlegen (Abb. 65 B) bzw. in der dritten Dimension Linien maximaler Krümmung oder *Faltenscharniere* (Abb. 65 C). Die Linie parallel zur mittleren Richtung der Scharniere einer bestimmten Falte wird als *Faltenachse* bezeichnet. Bei der Beurteilung des Unterschiedes zwischen Faltenscharnieren und Faltenachsen gilt es zu bedenken, daß anders als in den in Abb. 65 dargestellten Beispielen Faltenscharniere nicht unbedingt parallel zueinander verlaufen müssen (s. dazu z.B. Abb. 69). Somit gilt, daß zwar die Scharniere beträchtliche Richtungsschwankungen aufweisen können, ihre mittlere Orientierung (Achse) jedoch durch einen einzigen Vektor dargestellt werden kann. Bei Faltenscharnieren handelt es sich um Merkmale von Falten, die im Gelände angefaßt und vermessen werden können, während es sich bei Faltenachsen um statistische Mittelwerte der Richtungen mehrerer Faltenscharniere handelt.

Bei der Beschreibung der Größe von Falten wird oftmals zwischen Groß- und Kleinfalten unterschieden, es ist jedoch besser, Wellenlängen und Amplituden, wie in Abb. 66 gezeigt, aufzumessen.

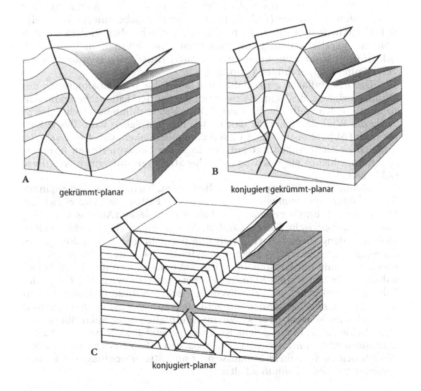

A gekrümmt-planar

B konjugiert gekrümmt-planar

C konjugiert-planar

Abb. 67 A–C. Achsenflächen von Falten

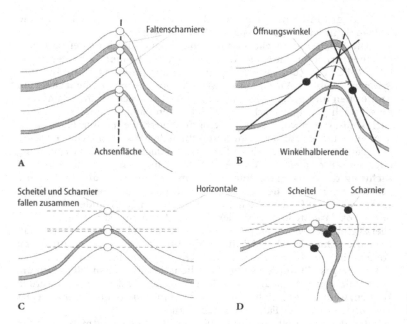

Abb. 68 A–D. Achsenflächen: Scheitel und Scharniere

Bei *Achsenflächen* (auch Achsenebenen oder Scharnierebenen genannt) handelt es sich um die Fläche, in der alle Scharnierlinien einer bestimmten Falte liegen (Abb. 65 D). Es kann sich dabei um ebene geneigte Flächen handeln (Abb. 65), und die Achsenflächen benachbarter Falten können parallel zueinander verlaufen. Sie können jedoch auch gekrümmt-planar sein, nicht parallel zueinander verlaufen oder sogar verknüpfte Gruppen bilden (Abb. 67).

Die Achsenfläche einer Falte stellt *nicht* die Winkelhalbierende des Öffnungswinkels, des Winkels zwischen den beiden Faltenschenkeln, dar. In Sonderfällen stellt die die Faltenscharniere verbindende Fläche gleichzeitig die Winkelhalbierende dar, in den meisten Fällen trifft dies jedoch nicht zu (Abb. 68 A und B). Es gilt auch zu bedenken, daß Faltenscheitel und -tröge nicht unbedingt mit der Lage der Scharnierlinien übereinstimmen, obwohl sie doch das gleiche Streichen aufweisen wie diese (Abb. 68 C und D).

Wenn, wie in Abb. 69 A und B die Faltenscharniere parallel zueinander verlaufen, sprechen wir von *zylindrischen* Falten, während es sich bei Falten mit gekrümmt verlaufenden Faltenscharnieren (Abb. 69 C und D) um *nichtzylindrische* Falten handelt. Solche nichtzylindrischen Falten weisen entlang ihrer Scharnierrichtung beträchtliche Schwankungen in Abtauchen und Form auf, während zylindrische Falten idealerweise in dieser Richtung mit konstantem Winkel abtauchen und ihre Form beibehalten. Beide Faltenarten können symmetrisch sein, wenn die Länge der Faltenschenkel gleich ist, oder asymmetrisch, wo diese Bedingung nicht zutrifft (Abb. 66). Sie können aufrecht stehen, wenn die beiden Schenkel mit gleichem Winkel, aber gegensinnig einfallen oder auch überkippt, wenn beide Flügel in die gleiche Richtung geneigt sind. Je nach Größe des Öffnungswinkels unterscheidet man zwischen offenen oder engen Falten. Wo bei beiden Schenkeln Einfallswinkel und Streichrichtung gleich sind, sprechen wir von *isoklinalen* Falten.

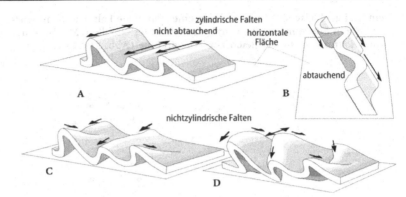

Abb. 69 A–D. Zylindrische und nichtzylindrische Falten

Die geometrischen Unterschiede zwischen zylindrischen und nichtzylindrischen Falten sind am einfachsten durch den Verlauf der jeweiligen Strukturlinien darzustellen. Die Strukturlinien verlaufen bei zylindrischen nicht abtauchenden Falten einheitlich gerade und parallel zueinander (Abb. 70 A), während sie bei nichtzylindrischen oder auch abtauchenden zylindrischen Falten einen gekrümmten Verlauf aufweisen (Abb. 70 B und C).

10.2 Faltenanalyse auf Karten

Die Analyse von Formen, Richtungen und Geometrie von Falten anhand geologischer Karten ist mit Hilfe einiger der bereits hier vorgestellten Methoden möglich. So zeigt z.B. Abb. 71 (A und B) die Kartendarstellung

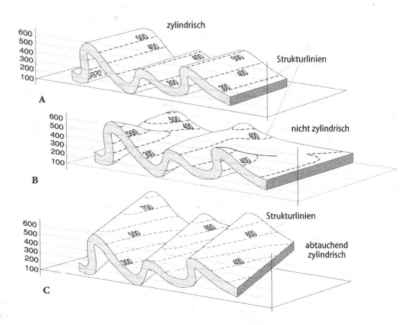

Abb. 70 A–C. Falten und Strukturlinien

von drei geologischen Flächen, die in eine synklinale Falte verformt wurden, deren Flügel mit 43° bzw. 67° gegeneinander einfallen. Mit Hilfe der Ausstrichformen im Vergleich zur Topographie (Abb. 71 A) sind wir in

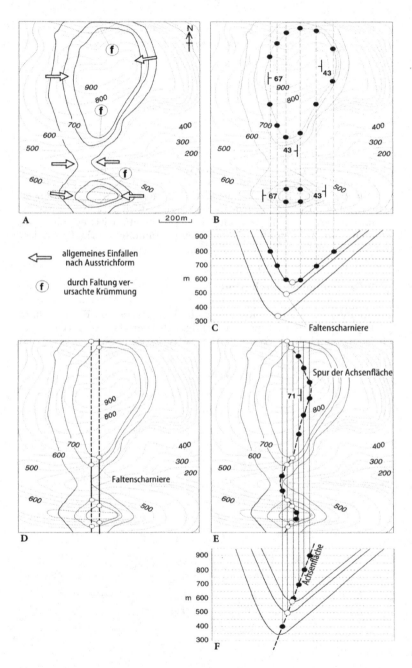

Abb. 71 A–F. Falten: Strukturlinien und Faltenscharniere

der Lage, schnell herauszufinden, daß es sich um eine solche synklinale Falte mit etwa N-S-Streichen handelt, deren westlicher Flügel steil und deren östlicher flacher, wie durch die Pfeile angedeutet, einfällt. Aus einer detaillierten Analyse der Falte anhand von Strukturlinien (Abb. 71 B) können wir das exakte Einfallen ableiten und aus der Tatsache, daß die Strukturlinien gerade und parallel zueinander in N-S-Richtung verlaufen, daß es sich um eine zylindrische Falte mit horizontaler Achse handelt. Die Ableitung der Strukturlinien für jede der gefalteten Flächen, die jedoch nicht alle in Abb. 71 B dargestellt sind, ermöglicht uns die Konstruktion eines genauen Profilschnittes (Abb. 71 C), aus dem wir andererseits die Lage der Faltenscharniere entnehmen können. Beachten Sie, daß sie in diesem Falle mit den Faltentrögen übereinstimmen.

Die Lage der Faltenscharniere kann auch der Karte entnommen werden (Abb. 71 D), in der sie als durchgezogene Linien dort eingetragen sind, wo sie über der Erdoberfläche liegen, und als gestrichelte, wo sie unter der Oberfläche liegen. Die Punkte, an denen die Scharnierlinien die Oberfläche durchstoßen, sind als offene Kreise dargestellt. Beachten Sie dabei, daß diese Punkte dort liegen, wo sich schnelle Änderungen im Streichen der Schichten ergeben, die nicht auf topographische Besonderheiten zurückzuführen sind (f in Abb. 71 A).

Die Achsenfläche der Falte kann aus der Karte dadurch abgeleitet werden, daß man die Punkte der größten Krümmung, d.h. die Scharniere, für jede der gefalteten Flächen miteinander verbindet. Sie fällt mit 71° nach Westen ein (Abb. 71 F) und da die Achsenfläche in dreidimensionaler Darstellung umfaßt alle Scharnierlinien, die in diesem Falle gerade und parallel zueinander verlaufen, können wir ihren Ausstrichverlauf in der Karte konstruieren (Abb. 71 E). Es handelt sich dabei um die Spur der Achsenfläche oder die Achsenebenenspur. Beachten Sie, daß, weil es sich um eine geneigte Fläche handelt, ihr Ausstrich in Tälern V-förmig in Richtung des Einfallens verläuft, wie wir es bei anderen geologischen Flächen ebenfalls beobachten können.

Die Analyse von Ausstrichmustern gefalteter Gesteine kann sich in Gebieten mit komplexer Topographie schwierig gestalten. So sind in Abb. 72 Ausstriche von Sand-, Schluff- und Tonsteinen dargestellt, deren Lagerung nicht ohne weiteres klar ist. Um die Struktur zu bestimmen, müssen wir entscheiden, ob Strukturlinien und Einfallen wirklich so wie bei x, y oder z angezeigt ausgebildet sind. Beachten Sie, daß bei x und z die Schluffsteine über den Tonsteinen zu liegen scheinen, bei y jedoch darunter.

Da die Ausstriche im Haupttal V-förmig (schwarze Pfeile) in Richtung des durch die Strukturlinien parallel zu Position z angegebenen Einfallens zeigen, dürfte es sich dabei um die wahrscheinlichste Lagerung handeln. Diese Interpretation bedarf jedoch genauer Untersuchung.

In Abb. 73 A ist der aus Position x und in Abb. 73 B der aus Position y abgeleitete Verlauf der Strukturlinien des Sandstein-Schluffstein-Kontaktes dargestellt. Beachten Sie bei der Konstruktion der Strukturlinien, daß deren Lage nicht nur dadurch definiert wird, wo ein Ausstrich eine bestimmte Höhenlinie kreuzt, sondern auch durch folgende Regel:

Bei einer vorgegebenen geologischen Fläche kann eine Strukturlinie einer bestimmten topographischen Höhe die entsprechende Höhenlinie nicht kreuzen, ohne daß die Fläche an der Oberfläche zu Tage tritt.

Die beiden sich jeweils ergebenden Muster sind überaus komplex und können in Abb. 73 A durch eine kuppelförmige Antiklinale und durch ein E-W-streichende abtauchende Synklinale erklärt werden, wobei die Antiklinale mit dem Hügel zusammenfällt und die Synklinale mit dem

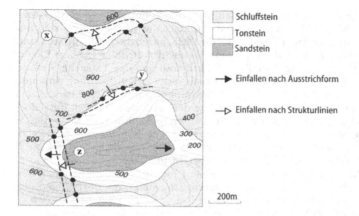

Schluffstein
Tonstein
Sandstein

→ Einfallen nach Ausstrichform

⊳ Einfallen nach Strukturlinien

200m

Abb. 72. Analyse von Falten

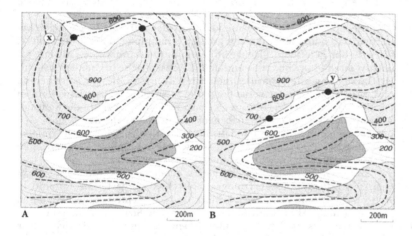

A   200m   B   200m

Abb. 73 A–B. Analyse von Falten

Tal. Die Sandsteine bilden hier den Kern der Synklinale. In Abb. 73 B ergibt sich eine ähnliche Korrelation zwischen der Lage der Falten und den topographischen Merkmalen, wobei die Sandsteine auch hier im Kern der Synklinale auftreten. Versuchen Sie, ein N-S-gerichtetes Profil bei beiden Karten zu zeichnen.

Ein wesentlich einfacherer und gleichmäßiger Verlauf der Strukturlinien ergibt sich aus Position z in Abb. 72. Wie in Abb. 74 dargestellt, weisen diese auf die Anwesenheit einer einzigen antiklinalen Falte hin, deren Scharniere nach Süden geneigt sind, d.h. dahin abtauchen. Obwohl es sich bei diesen Strukturlinien nicht überall um gerade Linien handelt, bilden sie dennoch eine Schar ähnlicher, in gleichmäßigen Abständen angeordneter Kurven, die andeuten, daß wir es hier mit einer nahezu zylindrischen, jedoch abtauchenden Falte zu tun haben.

Obwohl also die vorhergehenden Interpretationen mit den Karteninformationen in Einklang stehen, wird die Erklärung aufgrund der Strukturlinien aus Position z in Abb. 72 bevorzugt, da die Faltengeometrie dabei am wenigsten kompliziert ist, Antiform und Synform nicht mit den

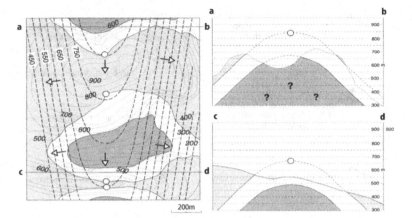

Abb. 74. Analyse von Falten

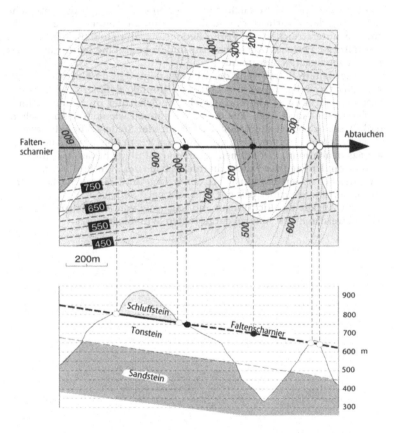

Abb. 75. Abtauchen von Falten

topographischen Merkmalen (d.h. Hügel bzw. Tal) übereinstimmen müssen, und — was wichtiger ist — sie steht in Übereinstimmung mit den Verhältnissen zwischen Ausstrichform und Topographie. Sie erklärt die

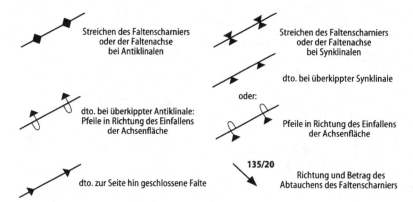

Streichen des Faltenscharniers
oder der Faltenachse
bei Antiklinalen

Streichen des Faltenscharniers
oder der Faltenachse
bei Synklinalen

dto. bei überkippter Synklinale

oder:

dto. bei überkippter Antiklinale:
Pfeile in Richtung des Einfallens
der Achsenfläche

Pfeile in Richtung des Einfallens
der Achsenfläche

135/20

dto. zur Seite hin geschlossene Falte

Richtung und Betrag des
Abtauchens des Faltenscharniers

Abb. 76. Faltensymbole auf Karten

V-Form der Ausstriche auch dort, wo keine einfache topographische Erklärung dafür vorliegt, d.h. in den Faltenscharnieren. Diese Ausführungen unterstreichen die große Bedeutung, die einer Beachtung der Verhältnisse zwischen Ausstrichform und Topographie bei Beginn einer jeden Kartenanalyse zukommt.

Die weitere Betrachtung der Abb. 74 zeigt, daß im Norden (Schnitt **a–b**) das durch den Tonstein-Schluffstein-Kontakt definierte Faltenscharnier bei 840 m liegt, während das gleiche Scharnier im Süden (Schnitt **c–d**) nur auf 650 m liegt. Aus der Karte können wir außerdem ersehen, daß dieses Scharnier die Erdoberfläche an vier Stellen schneidet (weiße Kreise), deren Höhe von Nord nach Süd von 825 m über 775 m und 670 m auf 625 m abnimmt. Wir können damit einige Punkte bekannter Höhe zur Definition der Lage des Faltenscharnieres benutzen. Ein Profilschnitt entlang der Scharnierlinie illustriert deren Lage und räumliche Lagerung (Abb. 75): Das Scharnier fällt mit 10° exakt nach Süden ein.

Zur Angabe der Richtungen und Lagerung von Faltenstrukturen auf Karten werden die in Abb. 76 dargestellten Symbole benutzt.

10.3 Übung

10.3.1

Abbildung 77 zeigt den Ausstrich des Kontaktes zwischen einer Tonstein- und einer Sandsteinformation. Bestimmen Sie die allgemeine Anordnung des Kontaktes mit Hilfe der Verhältnisse zwischen Ausstrichform und Topographie und stellen Sie die Lage der Faltenscharnierzonen fest. Nachdem Sie damit die allgemeine Form des Kontaktes innerhalb des Kartengebietes festgelegt haben, sollten Sie die Strukturlinien ableiten und dabei beachten, deren Gestalt auf die der Linien zu gründen, für die die größte Anzahl von Schnittpunkten mit den entsprechenden Höhenlinien vorliegt, wie z.B. die 300-m-Linie. Zeichnen Sie dann nach dem Muster und der Form der Strukturlinien und den Ausstichpunkten der Faltenscharniere das Streichen der Scharniere sowie deren Abtauchen ein. Zeichnen Sie außerdem einen Profilschnitt entlang der Linie a–b. Handelt es sich hierbei um zylindrische oder nichtzylindrische Falten?

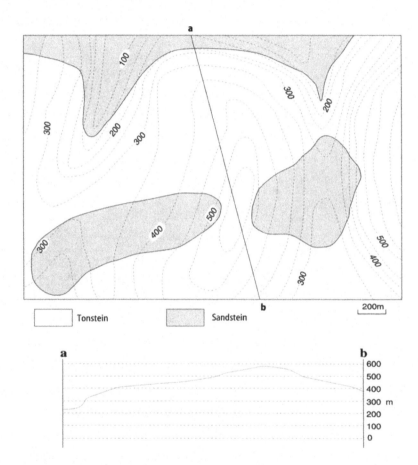

Abb. 77. Übung 10.3.1

11 Faltenform

11.1 Beurteilung der Faltenform mit Hilfe von Karten

Die Formen von Falten können beträchtlich schwanken, wobei u.a. folgende Faktoren von Bedeutung sind: die physikalischen Eigenschaften der Gesteinsmaterialien bei der Verformung, Größe und Art der bei der Faltung wirksamen Verformungen, die Orientierung der Gesteinsschichtung im Verhältnis zu den Spannungsachsen, d.h. den Richtungen in denen sich die kompressiven Kräfte auswirken.

Die aus Schnittbildern abgeleitete Form von Falten kann Hinweise auf die faltenbildenden Deformationsmechanismen liefern und beeinflußt die Art und Weise, wie wir Faltenstrukturen unter die Erdoberfläche hinunter extrapolieren. Daher ist es von großer Bedeutung, die allgemeine Geometrie der die Falten definierenden Flächen genau zu erfassen und besonders darauf zu achten, ob die Falten sinusförmig oder eckig sind und ob sich im Verlauf der Falten Änderungen in den Schichtmächtigkeiten zeigen. Derartige Analysen sind jedoch nur dann aussagekräftig, wenn sie an Schnitten senkrecht zu den Faltenscharnieren, d.h. in der *Profilebene*, ausgeführt werden. Schräg dazu verlaufende Schnitte führen, wie noch zu zeigen sein wird, zu mißverständlichen Ergebnissen.

Die in Abb. 78 A und C gezeigten Falten weisen horizontale Scharniere auf. Das Streichen der Strukturlinien und die Einfallsbeträge sind durch die entsprechenden Symbole für Fallen und Streichen angezeigt. Beachten Sie, daß beide Falten überkippt sind. Während bei beiden Falten die entsprechenden Flügel mit gleichen Beträgen einfallen, ist die eine sinusförmig (Abb. 78 B) und die andere spitzwinklig (Abb. 78 D). Beachten Sie, daß diese Formunterschiede nicht nur in den E-W-Profilen erkennbar sind, sondern auch aus der Form der Ausstriche in der Karte abgeleitet werden können. Die Falten weisen in den Profilen nicht nur Unterschiede in der Form, sondern auch in der Mächtigkeit der verfalteten Schichten auf. Während die wahre Mächtigkeit (t) der Schicht bei Messung rechtwinklig zu ihrer Oberfläche in Abb. 78 B nahezu konstant ist, zeigt die Mächtigkeit der Schicht auf den beiden Schenkeln der Falte (Abb. 78 D) zwar nur geringe Schwankungen, steigt aber in der Scharnierzone rasch auf ein Maximum parallel zur Achsenfläche. Bei beiden Schnitten handelt es sich um Profilschnitte, da die Falten jeweils zylindrisch sind und horizontale, N-S-streichende Achsen aufweisen. Sie verlaufen damit auch im rechten Winkel zum Streichen der verfalteten Schichtflächen, so daß die Veränderungen der Schichtmächtigkeiten nicht auf einen Schnitteffekt zurückzuführen sind, sondern wirklich und damit nicht scheinbar sind (s. auch Abb. 23).

Bei der Beurteilung der Geometrie von Falten im Gelände und der Analyse von Karten gilt es zu bedenken, daß bei Schnitten schräg zur Faltenachse die „scheinbare" Faltengeometrie zu Fehlinterpretationen führen kann. In Abb. 79 wird eine sinusförmige Falte mit nahezu konstanter Schichtenmächtigkeit (A) von den schrägen Profilen B und C

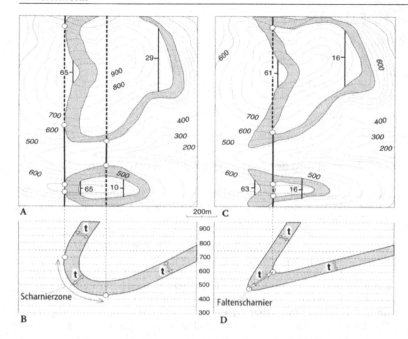

Abb. 78 A-D. Faltenform

geschnitten. In letzteren ist die Länge der Faltenschenkel scheinbar länger als im „wahren" Profil, die Falten erscheinen eher schmaler als offen, und die Schichtmächtigkeiten scheinen in den Scharnierzonen zuzunehmen. Die wahre Geometrie der Falte wird somit nur im Profilschnitt A erfaßt.

Eine sorgfältige Bewertung der Geometrie von Faltenstrukturen nach Karteninformationen und, soweit verfügbar, Bohrlochdaten usw. ist nicht nur bei der Bestimmung der möglichen Mechanismen der Faltenbildung von Bedeutung, sondern auch bei der Vorhersage der untertägigen Erstreckung von Erzlagerstätten.

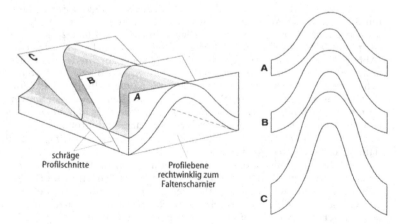

Abb. 79. Schnitte durch Falten

11.2 Übung

11.2.1

Die geologische Karte in Abb. 80 zeigt die Ausstriche einer Sedimentfolge, von der bekannt ist, daß sie außerhalb des Kartenausschnittes eine ölführende Sandsteinformation enthält. Es ist außerdem bekannt, daß dieser Horizont unter dem mit **a** gekennzeichneten Tonstein liegt. Außerhalb des Kartenausschnitts ist der Tonstein im Mittel 250 m mächtig, und Ölspeicher treten in antiklinalen Falten auf, d.h. in den Sattelzonen des Sandsteins.

Analysieren Sie die Struktur des Kartenausschnitts und bestimmen Sie Lage und Lagerung der Faltenschenkel, Achsenflächen, Achsenflächenspuren und Faltenscharniere. Zeichnen Sie mit Hilfe des angegebenen topographischen Profils einen genauen Schnitt entlang der Linie **a-b**. Geben Sie mit Hilfe Ihrer Analyse Punkte für Bohrungen an, in denen Sie wahrscheinlich Öl antreffen werden. Nachdem Sie Ihre Analyse der Karte abgeschlossen haben, überprüfen Sie Ihre Interpretation anhand der Lösung in Kapitel 15.

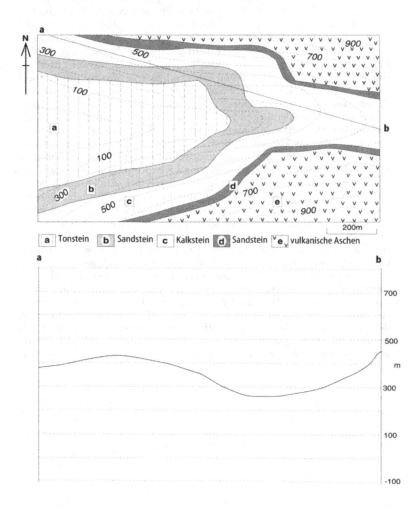

Abb. 80. Übung 11.2.1

11.3 Faltengeometrie

Übung 11.2.1 unterstreicht die Bedeutung, die der Bestimmung der wahrscheinlichen Schnittbilder von Falten zukommt. Diese schwanken in der Natur zwar beträchtlich, ihre Analyse wird jedoch erleichtert, wenn wir uns idealisierte Varianten der Profilgeometrie gekrümmter Flächen vorstellen. Abbildung 81 zeigt einen Teil der Vielgestaltigkeit, die wir bei der Kombination der Formen von Falten erkennen können, bei denen die Profilebene die Faltenscharniere im rechten Winkel schneidet. Abbildung 81 A und B zeigen eckige symmetrische bzw. asymmetrische Falten, Abb. 81 C und D hingegen kongruente sinusförmige Falten. Die Falten in Abb. 81 E und F sind hingegen teilweise eckig, teilweise sinusförmig.

Mit Ausnahme von Abb. 81 F haben die einzelnen weißen Schichten vor der Faltung nahezu gleiche Mächtigkeiten. In Abb. 81 A, B und D bleibt diese anfängliche Konstanz der orthogonalen, d. h. rechtwinklig zur Schichtoberfläche gemessenen Mächtigkeiten auch nach der Faltung bestehen, in Abb. 81 C und E jedoch nicht. Dies ist darauf zurückzuführen, daß Gesteinsmaterialien Unterschiede in ihrer Fähigkeit aufweisen, unter dem Einfluß der Spannungen, die zu den Falten führten, zu fließen sowie durch Unterschiede in den faltenbildenden Mechanismen.

Die in den weißen Lagen von Abb. 81 A, B und D ausgebildete gleichbleibende orthogonale Mächtigkeit definiert die Geometrie der entsprechenden Falten als konzentrisch, d. h. die Linien, die die weißen Streifen begrenzen, verlaufen parallel zueinander. Im Gegensatz dazu weisen die Linien, die die Schichten in Abb. 81 C und E begrenzen, einen identischen Verlauf auf und damit kongruente Geometrie. Bei idealen kongruenten Falten (Abb. 82 B) werden die gleichbleibenden Schichtmächtigkeiten parallel zu ihren Achsenflächen aufrechterhalten. Im Gelände beobachten wir jedoch in allen Maßstäben Falten, die den abgebildeten Formen angenähert entsprechen, wir müssen uns jedoch darüber im klaren sein, daß Falten mit einer Kombination aus zwei oder mehr geometrischen Grundtypen weit verbreitet sein können, wie in Abb. 81 F gezeigt.

Das Erkennen der Profilgeometrie einer Falte aus Gelände- und Karteninformationen ist deshalb von Bedeutung, da es die Art beeinflußt, nach der wir den Verlauf einer Falte unter der Erdoberfläche extrapolieren. Kongruente und nahezu kongruente Falten können sich bei unveränderter Geometrie über große Entfernungen unter der Erdoberfläche erstrecken. Im Gegensatz dazu sind konzentrische Falten unter bestimmten Umständen sehr begrenzt. Abbildung 82 A zeigt eine konzentri-

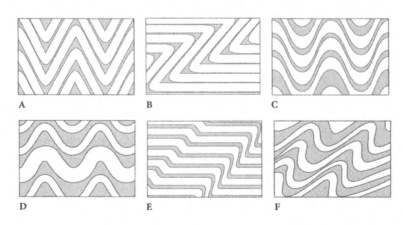

Abb. 81 A-F. Geometrie von Faltenprofilen

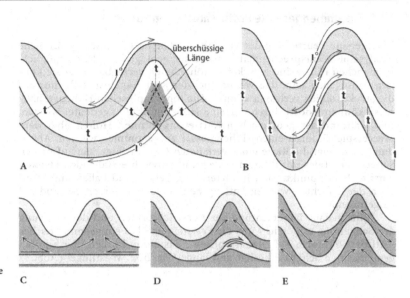

Abb. 82 A-E. Parallele und kongruente Falten

sche Falte der mit Schenkellänge l° und konstanter Schichtmächtigkeit t. Im Kern der Antiklinale ergibt sich eine überschüssige Schichtlänge für den Fall, daß wir die konzentrische Geometrie beibehalten. Daher stellt sich in vielen Fällen mit zunehmendem Einfallen der Faltenschenkel ein Raumproblem ein, und die konzentrische Geometrie kann nicht aufrechterhalten werden. Bei kongruenten Falten besteht diese Beschränkung in der Erstreckung zur Tiefe hin nicht (Abb. 82 B). Bei konzentrischen Falten wird dieses Raumproblem häufig durch Abscheren der verfalteten Schichten von ihrer Unterlage gelöst (Abb. 82 C) oder durch Verwerfungsprozesse (Abb. 82 D) in Verbindung mit Fließen des plastischeren Gesteinsmaterials. Konzentrische Falten können sich jedoch in der Tiefe hin fortsetzen, wenn die Zwischenlagen in der Lage sind, zur Unterbringung der sich bildenden Falten zu fließen (Abb. 82 E). Beachten Sie, daß die die zwischenlagernden Schichten begrenzenden Flächen nicht konzentrisch sind, sondern eine Zwischenform annehmen.

Ⅰn der Natur stellen wir üblicherweise fest, daß die Geometrie von Faltenprofilen damit korreliert, wie leicht Gesteine unterschiedlicher Zusammensetzung zum Fließen neigen. „Steife" Lagen nennen wir *kompetent*, und sie weisen üblicherweise konzentrische oder nahezu konzentrische Geometrie auf. Leichter zum Fließen neigende oder *inkompetente* Schichten nehmen kongruente Formen an oder liegen zwischen den beiden Extremen. Wo sich Schichten mit deutlich unterschiedlichen physikalischen Eigenschaften abwechseln, werden sich gleichmäßig eckige anstatt sinusförmige Falten bilden. Es gilt jedoch zu bedenken, daß das Verhalten in Verformung befindlicher Gesteine nicht nur von der Gesteinszusammensetzung bestimmt wird und von der Art und Weise, in der die Gesteine unterschiedlicher physikalischer Eigenschaften miteinander abwechseln, sondern u.a. auch von Temperatur, Druck und Verformungsrate.

Da, wie oben ausgeführt, die Formen von Falten in Profilschnitten stark schwanken können, müssen wir bei der Analyse von Karten gefalteter Gesteine und bei der Konstruktion von Profilschnitten die Profilgeometrie so sorgfältig wie möglich beurteilen.

11.4 Zusammengesetzte Profilschnitte von Falten

Eine genaue Beurteilung der Faltengeometrie ist nur durch gründliche Analyse aller entsprechenden Daten einer geologischen Karte möglich. In manchen Fällen sind z. B. keine Höhenlinien verfügbar, oder sie können so ungenau sein, daß wir uns bei der Kartenanalyse nicht nur auf die Strukturlinien verlassen können. Die topographischen Höhenverhältnisse können jedoch durch einzelne Höhenpunkte angedeutet werden, und während der geologischen Kartierung können Höhen über dem Meeresspiegel durch einen Höhenmesser aufgenommen werden. Abbildung 83 A zeigt die Karte einer verfalteten Gesteinsfolge, die auf beiden Seiten eines Tales mit flachem Boden und schwach einfallenden Flanken auftritt. Höhenpunkte sind in Metern angegeben, und Fallen und Streichen der Schichten wurden entlang den beiden Traversen a-b und c-d eingetragen.

Eine genaue Begutachtung der Ausstrichformen und der Lagerung der Schichtung ermöglicht uns die Feststellung, daß ein asymmetrisches Antiform-Synform-Faltenpaar vorliegt, das einen kurzen überkippten gemeinsamen Schenkel besitzt und lange Ost- bzw. Westflügel (Abb. 83

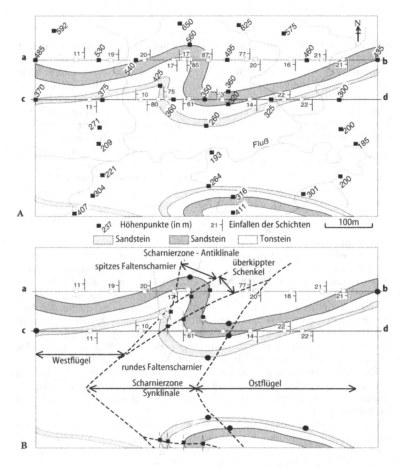

Abb. 83 A, B. Zusammengesetzte Profile: Voranalyse

B). Die Form der Faltenscharniere und Tröge schwankt zwischen rund bis fast eckig, die generelle Form der Ausstriche weist jedoch eher auf sinusförmige als auf eckige Falten hin. Das einheitliche N-S-Streichen bei unterschiedlichem Einfallen zeigt an, daß die Faltenachsen horizontal liegen und die Falten zylindrisch sind.

Wir können offensichtlich keine Strukturlinien zur Bestätigung dieser Falten zeichnen, da keine Höhenlinien verfügbar sind. Abbildung 83 B zeigt jedoch, wie wir die Karte in tektonische Untereinheiten aufteilen können, die die angenäherten Grenzen (unterbrochene Linien) zwischen Faltenschenkeln und Scharnierzonen angeben. Die Abbildung zeigt außerdem, wie wir mit unterschiedlicher Verläßlichkeit die Lage der Faltenscharniere (offene Kreise) und Punkte bekannter Höhe auf den Hauptgrenzflächen (schwarze Kreise) festlegen können. Die schwarzen durchgestrichenen Quadrate markieren die östlichsten bzw. westlichsten der verschiedenen Gesteinseinheiten auf dem überkippten Flügel. Alle diese Informationen werden zur Konstruktion von Profilschnitten durch die Falten genutzt.

Die Abbildung 84 und 85 zeigen, wie ein Profilschnitt der Falten aus Abb. 83 allmählich entwickelt wird. In Abb. 84 A und B werden mit Hilfe der Höhenpunkte an beiden Traversen entlang topographische Profile konstruiert. Vorläufige „Formlinien" werden für die verschiedenen geologischen Flächen auf der Basis der Messungen des Einfallens konstruiert, wobei die Punkte, an denen die Grenzen die Profillinien schneiden, durch schwarze Quadrate angezeigt werden und die dazwischenliegenden durch weiße. Da die Falten zylindrisch sind und damit ihre Form sich entlang dem Streichen nicht ändert, können die beiden Profile bei den entsprechenden Höhen miteinander überlagert werden, woraufhin es möglich wird, die Lage der Faltenscharniere (weiße Kreise) und von Punkten bekannter Höhe (schwarze Kreise) zu kombinieren. Da wir aus der Karte wissen, daß die Falten insgesamt sinusförmig sind, kann der Verlauf der „Formlinien" modifiziert werden. Beachten Sie außerdem, daß wir folgern können, daß die Schichtmächtigkeit t von zwei Sandsteinbänken im Verlauf der Falten nahezu unverändert bleibt. In Abb. 85 werden die westlichsten bzw. östlichsten Positionen des überkippten Flügels (schwarze Quadrate) aus der Karte übertragen, und Ausstrichformen und Schichtmächtigkeiten werden zur Ableitung eines genaueren Profilschnittes herangezogen. Das fertiggestellte Profil (Abb. 86 B) kann nun dazu benutzt werden, die Lage aller Faltenscharniere und Achsenebenenspuren auf die Karte zu übertragen (Abb. 86 A).

In diesem Beispiel ist zu beachten, wie rasche Änderungen in Richtung und Wert des Schichteinfallens Scharnierzonen von Falten kennzeichnen. Selbst da, wo einzelne Gesteinsschichten nicht direkt nachgewiesen werden können, ermöglichen uns diese schnellen Änderungen leicht die Identifikation ihrer Lage in Karten und Profilen. Beachten Sie außerdem, daß die Sandsteinlagen im Profil im wesentlichen konzentrische Geometrie aufweisen.

11.5 Konstruktion von Schnitten durch abtauchende Falten

Bei nichtzylindrischen Falten, deren Profilbilder sich entlang der Faltenachse verändern, sollten wir weder Daten auf eine Schnittebene projizieren noch verschiedene Profilschnitte miteinander kombinieren. Wir sollten hier vielmehr mehrere Profile in Abständen entlang der Faltenachse konstruieren und die Struktur zwischen diesen Profilen dann extrapolieren (Abb. 87).

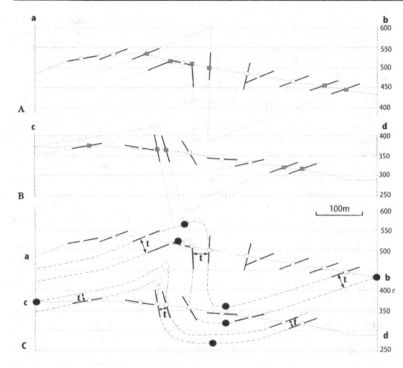

Abb. 84 A-C. Herstellung von Profilschnitten

Sofern wir jedoch bei zylindrischen abtauchenden Falten den Abtauchwinkel kennen, können wir Daten von verschiedenen Punkten einer Karte auf eine einzige Schnittebene projizieren. In Abb. 88 A ist z. B. der Ausstrich von abtauchenden Falten auf einer horizontalen topographischen Fläche gezeigt.

Die Punkte entlang der verfalteten Kontaktfläche werden gegen die Abtauchrichtung auf eine Schnittebene projiziert. Die Lage eines jeden Punktes auf der Schnittebene wird durch ähnliche rechtwinklige Dreiecke beschrieben, deren Größe vom Abstandswinkel **p** abhängt und vom horizontalen Abstand entlang der Spur der Abtauchrichtung in der Schnittlinie **d**. Wir können dann die Höhe eines jeden Punktes in der Schnittebene durch tan **p**=h/d und damit h=d tan **p** berechnen. Damit sind wir

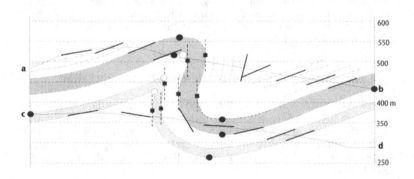

Abb. 85. Falten: Herstellung eines Profilschnittes

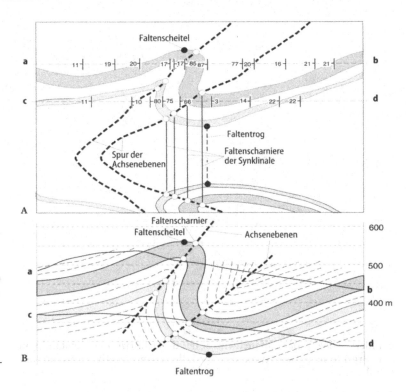

Abb. 86 A, B. Falten: Lage des Falten-schnittes und Verlauf der Achsenfläche

in der Lage, die Position eines jeden Punktes auf der Karte entlang der Schnittlinie und in seiner Höhe über der Grundlinie zu beschreiben.

Wo die Topographie nicht so flach ist (z. B. Abb. 88 B), ist ein ähnliches Konstruktionsverfahren möglich, wobei sich allerdings die Höhe der Grundlinie ändert; es wird sich dabei um die topographische Höhe eines bestimmten abzubildenden Punktes handeln. So ist in Abb. 88 B die Basislinie z. B. für **a** 275 m, für **e** jedoch 210 m.

Wir haben bereits gesehen, daß schräge Schnitte durch Falten mißverständliche Informationen liefern können (s. dazu Abb. 79). Bei abtauchenden Falten gibt weder die Karte noch ein senkrechter Profilschnitt die wirkliche Form der Falte wieder. In Abb. 88 handelt es sich z. B. bei den senkrechten Schnitten nicht um Profilschnitte, da sie nicht im rechten Winkel zum Abtauchen der Falte liegen. Um hier zu einem Profilschnitt zu kommen, können wir die oben beschriebene Konstruktionsmethode wie in Abb. 89 gezeigt, abwandeln. Die Höhe der ausgewählten Punkte **a** und **e** in der Profilebene wird durch sin **p=h/d**

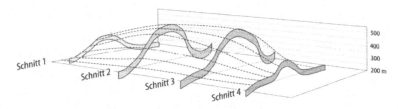

Abb. 87. Schnitte durch nichtzylindrische Falten

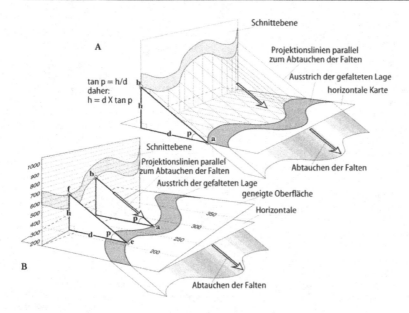

Abb. 88 A, B. Schnitte durch abtauchende Falten

definiert, wobei **p** der Abtauchwinkel ist, **d** der horizontale Abstand von der Profillinie in Richtung des Einfallens und **h** die Höhe in der Profilebene.

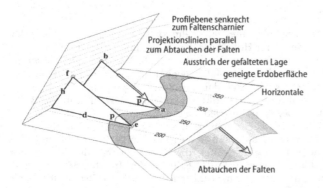

Abb. 89. Profilschnitt durch abtauchende Falten

11.6 Übungen

11.6.1

Die geologische Karte in Abb. 90 zeigt die Ausstriche von vier Formationen und zusätzlich an einigen Stellen Messungen von Fallen, Streichen und topographischen Höhen. Bestimmen Sie die Lage der Faltenscharniere und außerdem die Faltengeometrie, d.h., ob sie zylindrisch sind oder nicht. Dürfen Sie die bei Ihrer Analyse abgeleiteten Daten zusammen mit eingemessenen auf die Linie a-b projizieren? Konstruieren Sie mit Hilfe der Messungen und der Ausstrichformen so genau wie möglich einen Querschnitt zur Illustration der Faltenformen.

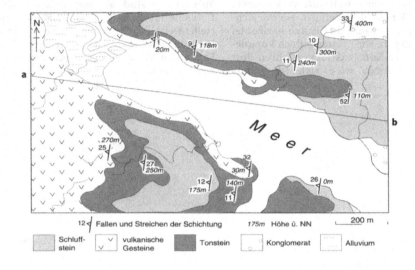

Abb. 90. Übung 11.6.1

11.6.2

Die vorausgegangene Übung unterstreicht, wie wichtig es ist, zur Ableitung eines einigermaßen genauen Schnittes Informationen aus allen Teilen der Karte zu verwenden und nicht nur die, die entlang der Schnittlinie vorkommen. Dies ist dort einfach, wo die Achsen zylindrischer Falten horizontal liegen, wir müssen jedoch komplexere Konstruktionsverfahren dort einsetzen, wo es sich, wie bereits für Abb. 87 und 88 gezeigt, um nichtzylindrische oder abtauchende zylindrische Falten handelt.

Die geologische Karte in Abb. 91 zeigt eine gefaltete Sandsteinschicht (dunkelgrau), die von weiß gelassenen Tonsteinen unter- und überlagert wird. Die Gesteinsaufschlüsse sind als umrandete Bereiche dargestellt und zeigen stellenweise das Streichen der geologischen Kontakte an. Werte für Fallen und Streichen der Schichten werden zusammen mit der Ab-tauchrichtung der Faltenscharniere angegeben. Zeichnen Sie unter der Voraussetzung, daß es sich bei dem dargestellten Gebiet im wesentlichen um ein horizontales Plateau mit etwa 400 m ü. NN handelt, die Schichtkontakte in den nicht aufgeschlossenen Bereichen ein, bestimmen Sie die Lage der verschiedenen Falten und konstruieren Sie mit Hilfe der Daten zu allen Sandsteinaufschlüssen genaue vertikale Schnitte und Profilschnitte entlang der Linie **a-b**.

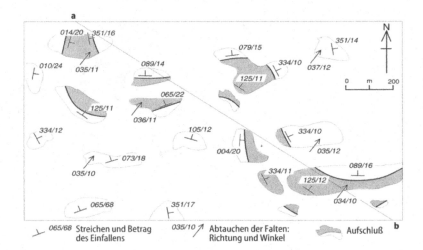

Abb. 91. Übung 11.6.2

Mit Falten vergesellschaftete Strukturen

12.1 Kleinfalten

Während der Faltung erfahren Gesteinsschichten verschiedene interne Verformungen, die u.a. von Parametern abhängen wie den physikalischen Eigenschaften der verschiedenen Gesteine, d.h. dem Ausmaß, bis zu dem sie plastisch fließen können, oder den mechanischen Eigenschaften geschichteter Abfolgen aus unterschiedlichen Materialien, d.h., ob Verschiebung zwischen den einzelnen Lagen stattfinden kann oder nicht, oder auch von der Schichtdicke selbst. So können bei Beginn der Deformation besonders „steife" Schichten verfaltet werden, während andere in der Lage sind, ihre Form durch einheitliches „Fließen" zu verändern, d.h. statt gefaltet zu werden, nehmen sie an Mächtigkeit im rechten Winkel zur Richtung des maximalen Druckes zu (Abb. 92 A und B). In vielen Fällen führen diese Unterschiede im Verhalten zur Bildung von Falten unterschiedlicher Größe (*Klein- und Großfalten*) und in „fließfähigen" Gesteinen zur Bildung von Deformationsstrukturen. Diese Schieferung ist auf die Rotation und/oder Plättung der die Gesteine zusammensetzenden Kristalle oder Partikel bei der Verformung zurückzuführen und, bei erhöhten Temperaturen, auf das Wachstum von Mineralen in einer bevorzugten Richtung. Diese Prozesse verleihen Gesteinen eine „Maserung", an der entlang sie oftmals leicht gespalten werden können.

Die Deformation ist ein fortschreitender Prozeß, d.h. Strukturen wie z.B. Falten bilden sich nicht plötzlich, sondern über längere Zeiträume.

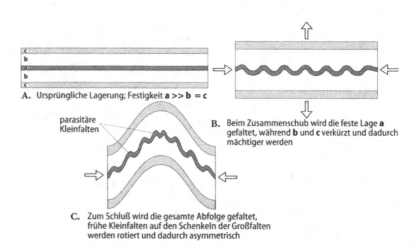

A. Ursprüngliche Lagerung; Festigkeit **a** >> **b** = **c**

parasitäre Kleinfalten

B. Beim Zusammenschub wird die feste Lage **a** gefaltet, während **b** und **c** verkürzt und dadurch mächtiger werden

C. Zum Schluß wird die gesamte Abfolge gefaltet, frühe Kleinfalten auf den Schenkeln der Großfalten werden rotiert und dadurch asymmetrisch

Abb. 92 A–C. Parasitäre Kleinfalten

Dies führt dazu, daß Kleinfalten, die in der Frühphase einer Deformation angelegt werden, durch die Bildung größerer Falten innerhalb der gleichen Deformationsphase rotiert und modifiziert werden können (Abb. 92). Da bei einer bestimmten Faltungsphase das Spannungssystem großräumig gleich ausgebildet ist und da die Orientierung der Faltenscharniere von der Lage der Spannungsachsen abhängt, können wir in vielen Fällen beobachten, daß Geometrie und Orientierung der Kleinfalten der der Großfalten entsprechen. Daher bezeichnen wir solche kleinmaßstäblichen Falten auch als *parasitäre Kleinfalten* (Abb. 92 C).

Da wir Beobachtungen der Lagerung und Geometrie parasitärer Falten dazu benutzen können, Lage und Art größerer, möglicherweise nicht aufgeschlossener Großfalten abzuleiten, sind erstere sowohl bei der Geländekartierung als auch bei der Interpretation mancher geologischer Karte von großem Nutzen. Indem wir die Profilformen von Kleinfalten vermerken, d.h., ob sie S-förmig, Z-förmig oder M(bzw. W)-förmig sind, können wir feststellen, in welcher Lage wir uns relativ zu den Schenkeln oder Scharnieren von Großfalten befinden (Abb. 93 A). Beachten Sie, daß M- oder W-förmige Kleinfalten, d.h. solche mit gleichlangen Schenkeln, das Scharnier einer Großfalte anzeigen, S-förmige Falten, d.h. solche mit ungleich langen Schenkeln und gegen den Uhrzeiger gerichteter Symmetrie, den rechten Schenkel einer Antiform und Z-förmige Falten, d.h. solche mit ebenfalls ungleich langen Schenkeln, jedoch im Uhrzeigersinn gerichteter Symmetrie, den linken Schenkel.

Wenn wir nun im Gelände Aufschlüsse oder Bereiche identifizieren, in denen z.B. einheitlich S-förmige Kleinfalten auftreten, so wissen wir nicht nur, daß wir uns auf einem der Schenkel einer Großfalte befinden, sondern wir können auch die Richtung nennen, in der wir die dazugehörigen großen Syn- bzw. Antiformen erwarten können. So weisen die S-Falten in Abb. 93 A nicht nur auf die Anwesenheit einer großen Antiform nach links hin, sondern auch auf eine Synform nach rechts. Es ist jedoch überaus wichtig zu bedenken, daß die Faltengeometrie, d. h. ob es sich um S- oder Z-Falten handelt, von der Richtung abhängt, in der wir

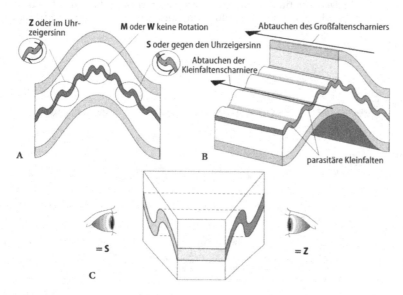

Abb. 93 A–C. Geometrie von Kleinfalten

die Falten anschauen. So wird in Abb. 93 C die gleiche Falte S-förmig erscheinen, wenn wir sie entlang dem Scharnier von links betrachten und Z-förmig bei Ansicht von rechts. Aus diesem Grund müssen wir stets die Richtung definieren, in der wir Falten betrachten. Bei abtauchenden Falten wird stillschweigend immer in Richtung des Abtauchens beschrieben.

Parasitäre Kleinfalten sind außerdem deshalb von großem Wert, weil ihre Scharnierrichtung in der dritten Dimension normalerweise parallel zu der der dazugehörigen Großfalten verläuft. Wenn wir also das Abtauchen von Kleinfalten messen, können wir das Abtauchen der entsprechenden Großfalte erfassen, auch wenn die Scharniere der letzteren nicht aufgeschlossen sind (Abb. 93 B).

12.2 Schieferung und Foliation

Während ihrer Verfaltung bildet sich in vielen Gesteinen eine Schieferung oder bei höherer Temperatur eine Foliation. Wenn sich beide, planare Texturen und Falten, zu gleicher Zeit bilden, stellen sie eine Reaktion auf dasselbe Spannungssystem dar und sind daher geometrisch miteinander korreliert. In vielen Fällen bilden sich Faltenachsen und Schieferungs- bzw. Foliationsflächen im rechten Winkel zu der Richtung der größten Kompression.

In Abhängigkeit von den physikalischen Eigenschaften der deformierten Gesteine verlaufen die planaren Texturen entweder parallel zu den Achsenflächen der entstehenden Falten, oder sie sind symmetrisch um diese herum angeordnet (Abb. 94 A und B). In beiden Fällen sprechen wir von *planaren axialen Texturen*. Die dreidimensionale geometrische Relation zwischen solchen Texturen und Falten ist in Abb. 94 C darge-

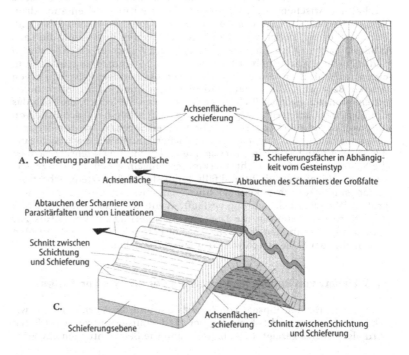

A. Schieferung parallel zur Achsenfläche

B. Schieferungsfächer in Abhängigkeit vom Gesteinstyp

Achsenflächenschieferung

Achsenfläche

Abtauchen des Scharniers der Großfalte

Abtauchen der Scharniere von Parasitärfalten und von Lineationen

Schnitt zwischen Schichtung und Schieferung

C.

Schieferungsebene

Achsenflächenschieferung

Schnitt zwischen Schichtung und Schieferung

Abb. 94 A–C. Achsenflächentextur: Schieferungen

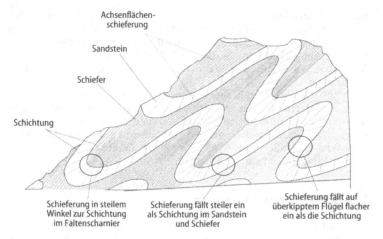

Abb. 95. Verhältnis zwischen Schieferung, Schichtung und Falten

stellt, aus der ersichtlich wird, daß sowohl die Schieferungsflächen, die die Scharnierrichtungen der dazugehörigen Groß- und Kleinfalten enthalten, als auch die Schnittlinien zwischen den gefalteten Schichtoberflächen und den axialen planaren Texturen parallel zu den Faltenscharnieren verlaufen. Diese in Aufschlüssen häufig als kleine lineare Erscheinungen auf Schichtflächen zu beobachtenden Schnittlinien werden als *Schnittlineare* bezeichnet. Sie können ebenso wie die Scharniere von Kleinfalten dazu genutzt werden, die Orientierung der Scharnierrichtung der dazugehörigen Großfalten abzuleiten (Abb. 94 C).

In der gleichen Weise wie bei Kleinfalten kann das geometrische Verhältnis zwischen axialen planaren Texturen und Falten auch dazu genutzt werden, die Lage von Aufschlüssen in Relation zu den Schenkeln und Umbiegungsstellen von Großfalten abzuleiten und damit die Lage größerer Falten zu erkennen. In Abb. 95 ist ein Aufschluß einer gefalteten Sedimentfolge dargestellt. Es könnte sich größenordnungsmäßig um einen Aufschluß an einem Straßeneinschnitt handeln oder um einen ganzen Berghang. Die Falten sind überkippt, und damit fallen beide Schenkel in der gleichen Richtung ein. Beachten Sie jedoch, daß sich das Einfallen der Schieferung gegenüber der Schichtung bei jeder Falte von Schenkel zu Schenkel ändert. Die überkippten Schenkel werden dadurch gekennzeichnet, daß die Schieferung flacher einfällt als die Schichtung, d.h. sie ist gegen letztere im Uhrzeigersinn gedreht. Im Gegensatz dazu ist die Schieferung auf den nicht überkippten Flügeln gegen den Uhrzeigersinn zur Schichtung gedreht und fällt damit steiler als letztere. Scharnierzonen sind dadurch gekennzeichnet, daß die Schieferung in einem großen Winkel zur Schichtung verläuft. Wenn wir also in Aufschlüssen oder Kartenausschnitten die Lage der Schieferung im Verhältnis zur Schichtung bestimmen können, so können wir ihre Lage zu den Schenkeln oder Scharnieren von Großfalten feststellen.

12.3 Einsatz von Begleitstrukturen bei der Analyse von Falten

Ein Beispiel für den Einsatz von Kleinfalten und des Verhältnisses zwischen Schieferung und Schichtung bei der Lokalisierung von Großfalten wird als nächstes gezeigt. In Abb. 96 A sind die Beobachtungen eingetra-

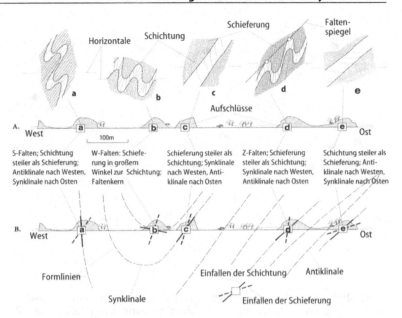

Abb. 96 A, B. Einsatz von Kleinfalten und Verhältnis zwischen Schieferung und Schichtung

gen, die in Klippen entlang einer Küstentraverse durch eine gefaltete und geschieferte Abfolge aus Sandsteinen (weiß) und Schiefern gemacht wurden. Die Geländeskizzen **a-e** wurden an senkrechten Klippenaufschlüssen mit Blickrichtung nach Norden aufgenommen. Durch genaue Aufnahme der Profilform von Kleinfalten und der Lageverhältnisse zwischen Schieferung und Schichtung können wir die großräumigen in Abb. 96 B gezeigten Strukturen rekonstruieren. Beachten Sie, daß in dieser Abbildung der angedeutete Verlauf der Schichtung nicht dem der Kleinfaltenschenkel entspricht, sondern eine Fläche darstellt, die durch die Scharniere benachbarter Falten einer bestimmten Schichtfläche gelegt ist (Abb. 96 A Skizze **d**). Wir sprechen hierbei von *Faltenspiegeln*, die das gewellte Einfallen der Großfaltenschenkel und -scharnierzonen dort anzeigen, wo diese Züge parasitärer Falten enthalten.

Die vorausgegangene Diskussion sollte zeigen, daß uns das Verständnis der geometrischen Zusammenhänge zwischen Großfalten auf der einen Seite und parasitären Kleinfalten und planaren Texturen andererseits ein nützliches Werkzeug liefert, um die Geometrie von Großfalten klarer zu erkennen. Dies trifft sowohl für Geländekartierungen als auch für die Analyse tektonischer Karten zu. In Abb. 97 sind in einer Karte eines Gebietes aus gefalteten Gesteinen Messungen von Schichtung und Schieferung zusammen mit Beschreibungen der Asymmetrie von Kleinfalten eingetragen, die entlang von Bächen beobachtet wurden (schwarze Kreise).

Dabei wird deutlich, daß die Schichtung, abgesehen von einigen Schwankungen, hauptsächlich NNE-SSW streicht und nach WNW einfällt. Die Schieferung streicht mit geringen Schwankungen ebenfalls NNE-SSW und fällt nach WNW mit mittleren bis steilen Winkeln ein. Daraus folgt, daß die eventuell vorhandenen Großfalten nach ESE überkippt sein müssen. Da die Kleinfalten mit etwa 17° nach Norden abtauchen, können wir davon ausgehen, daß sich die damit in Verbindung stehenden

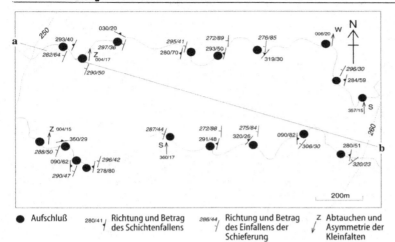

Abb. 97. Faltenanalyse

Großfalten ebenso verhalten werden. Indem wir das Verhältnis zwischen Schieferung und Schichtung berücksichtigen und zusätzlich die S-, Z- oder W-Form der Kleinfalten, können wir die Schenkel und Scharnierzonen der wahrscheinlichen Großfalten lokalisieren. So werden in Abb. 98 A die Aufschlüsse danach gekennzeichnet, ob sie auf dem normal gelagerten oder dem überkippten Flügel oder in Scharnierzonen liegen. Mit Hilfe dieser Informationen und deren Verhältnis zu Fallen und Streichen der Schichtflächen können wir die angenäherten Grenzen zwischen den Schenkeln der Großfalten und den Scharnierzonen in die Karte einzeichnen.

Damit können wir auch den ungefähren Verlauf der Achsenflächen der Großfalten lokalisieren sie werden eindeutig in den dunkel angelegten Scharnierzonen liegen (Abb. 98 B). Wenn wir nun noch die Änderungen im Einfallen der Schichten und die Asymmetrie der Kleinfalten berücksichtigen, können wir sagen, welches die Anti- und welches die Synformen sind, und, sofern die Topographie einigermaßen eben ist, können wir außerdem die Linien des angenäherten Verlaufes der gefalteten Schichtung an der Erdoberfläche einzeichnen. Wo die Landoberfläche unregelmäßig ist, müssen wir durch die Topographie bedingte Änderungen im Streichen der Ausstriche erwarten.

Wir müssen nun feststellen, ob die Falten zylindrisch sind oder nicht. Da die Faltenscharniere einfallen, können wir dies nicht einfach aus dem parallelen oder nichtparallelen Verlauf des Schichtstreichens ableiten, wie wir es z. B. in Abb. 70 und 83 konnten. Die Kleinfalten tauchen jedoch alle um einige Grade von der Nordrichtung abweichend mit nahezu dem gleichen Winkel (15-20°) ab, und somit müssen die Falten zumindest innerhalb des Kartenausschnittes zylindrisch sein. Mit dieser Maßgabe und unter der Voraussetzung, daß die Erdoberfläche eben ist, können wir nunmehr, da sich die Form zylindrischer Falten ja entlang ihren Scharnieren nicht ändert (Abb. 60 und 70), die Geländebeobachtungen auf eine Schnittlinie projizieren, wobei wir aber den Abtauchwinkel berücksichtigen müssen.

Wie bei allen zylindrischen Falten hängt die auf eine Schnittebene projizierte Lage eines Aufschlusses auch hier vom Abtauchen der Falte und dem Abstand des Aufschlusses von der Schnittlinie in Richtung des

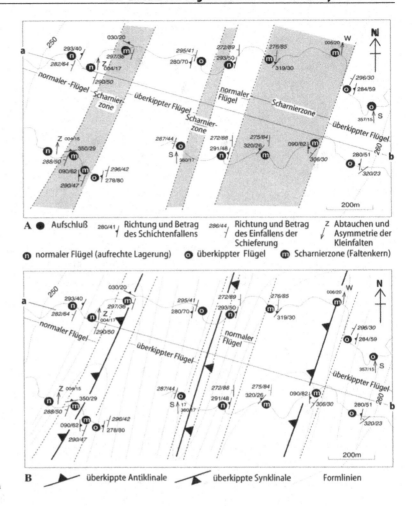

Abb. 98 A, B. Lage von Faltenschenkeln und Scharnierzonen

Einfallens ab (Abb. 88). In Abb. 99 A werden daher die Abstände eines jeden Aufschlusses von der Schnittlinie eingemessen, damit ihre projizierten Höhen in der Schnittebene berechnet werden können (Abb. 99 C). Beachten Sie in diesem Beispiel, daß wegen des nordgerichteten Abtauchens der Falten nördlich der Schnittlinie liegende Aufschlüsse entgegen der Abtauchrichtung der Falten auf höhere Positionen in der Schnittebene projiziert werden und südlich davon gelegene auf tiefere Positionen (Abb. 99 B und D). Beachten Sie, daß die Schnittlinie in vielen Fällen nicht im rechten Winkel zum Streichen verläuft und einige Einfallswinkel daher kleiner als in der Karte angegeben erscheinen, d.h. daß es sich dabei somit um scheinbare Einfallswinkel handelt.

Mit Hilfe dieser Methode lassen sich verhältnismäßig exakte Querprofile von Falten zeichnen. Diese sollten auch Angaben zum Streichen der Schieferung enthalten, die in diesem Falle im Bereich der Scharniere fächerförmig entwickelt ist, und zur Asymmetrie der Kleinfalten (Abb. 99 D).

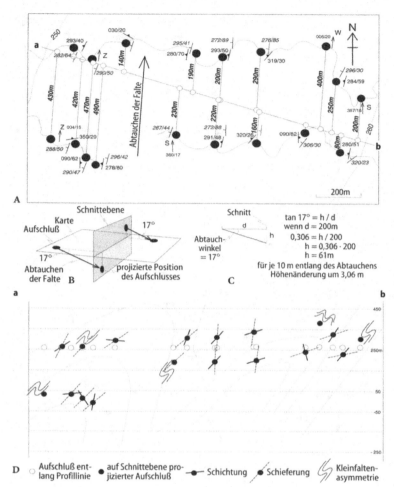

Abb. 99 A–D. Herstellung von Schnitten

12.4 Übung

12.4.1

Das in Abb. 100 dargestellte Gebiet wird von gefalteten grünen und grauen Schiefern aufgebaut. Aufschlüsse sind als Kreise dargestellt, neben denen die jeweiligen Meßdaten für Schichtung und/oder Schieferung eingetragen sind. Bestimmten Sie nach dem Verhältnis zwischen dem Einfallen von Schichtung und Schieferung, wo die Gesteine überkippt sind und wo nicht. Zeichnen Sie so weit wie möglich die Grenzen zwischen

Gebieten mit relativ geringem und steilem Schichtfallen ein, wobei Sie bedenken sollten, daß solche Grenzen in der Nähe der Achsenflächen eventuell vorkommender Falten auftreten und damit über Hügel und Täler hinweg V-förmig ausgebildet werden. Zeigen Sie außerdem die wahrscheinliche Lage von Scharnierzonen, indem Sie feststellen, wo die Schieferung einen großen Winkel mit der Schichtung einschließt. Zeichnen Sie dann unter Berücksichtigung dieser Beobachtungen und des bekannten Streichens des Kontakts zwischen grünen und grauen Schiefern den

Verlauf dieses Kontakts und die Achsenflächenspuren aller Großfalten ein. Berücksichtigen Sie wiederum die Einflüsse der Topographie. Zeichnen Sie die Scharnierlinien der Falten ein und vermerken Sie, bei welchen es sich um Antiformen bzw. Synformen handelt, indem Sie die bei der Analyse von Abb. 90 und 96 beschriebenen Methoden entsprechend abwandeln. Konstruieren Sie einen genauen Schnitt entlang der Linie **a–b**, der nicht nur den gefalteten Kontakt zeigt, sondern auch die Lage der Achsenflächen und die Lagerung der Schieferung.

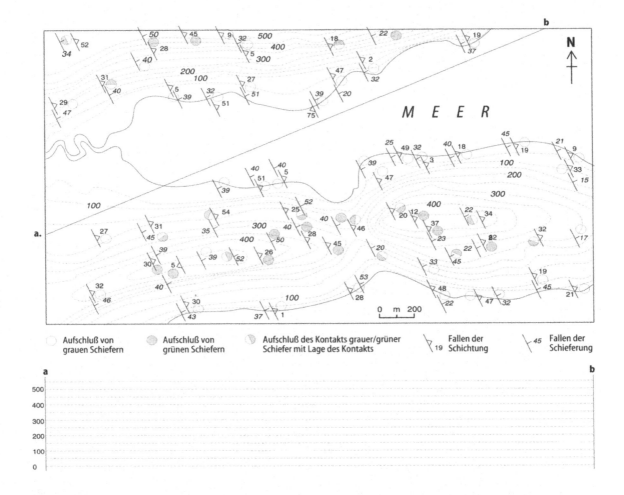

Abb. 100. Übung 12.4.1

13.1 Versatz von Falten durch Verwerfungen

Die Analyse von Verschiebungen entlang von Verwerfungen wurde in Kapitel 8 erörtert, und es wurde dabei betont, daß es zur Erfassung von Verschiebungsvektoren und des Verschiebungsbetrages erforderlich ist, lineare Elemente auf beiden Seiten der Verwerfung zu erkennen, die vor Einsetzen der Verwerfungsprozesse zusammenhingen. In gefalteten Gebieten stellen Faltenscharniere solche linearen Elemente dar.

In Abb. 101 A schneidet und versetzt die Verwerfung f eine synklinale Falte, deren Position durch das Verhältnis zwischen Ausstrichform und Topographie und mit Symbolen für Fallen und Streichen angezeigt ist.

In Abb. 101 B wird aus den Strukturlinien die Lage der Verwerfung mit Einfallen nach 023 mit 52° abgeleitet. Die angenäherte Lage der Faltenscharniere kann aus einer Analyse des Verhältnisses zwischen den Ausstrichformen und der Topographie bestimmt werden, wobei auf Stellen zu achten ist, wo die Krümmung der Ausstriche oder abrupte Richtungswechsel nicht durch topographische Gegebenheiten zu erklären sind. Im Norden der Verwerfung erscheint das Scharnier, das wegen des für beide Faltenschenkel gleichen Streichens horizontal liegen muß, auf 575 m ü. NN, während es südlich der Verwerfung immer noch horizontal, aber auf 475 m liegt. Das nördlich liegende Gesteinspaket muß daher gegenüber dem südlichen um 100 m nach oben verschoben worden sein, oder der südliche Block muß um 100 m abgesunken sein. Das Scharnier muß zusätzlich auch horizontal verschoben worden sein.

Wenn wir das Faltenscharnier von beiden Seiten der Verwerfung her auf diese projizieren, erhalten wir die Punkte a und b, die vor der Verschiebung zusammen gelegen haben müssen (schwarze Punkte in Abb. 101 B). Aus der gegenwärtigen Lage von a und b können wir somit folgern, daß für den Fall, daß die Verschiebung auf der Störungsebene einheitlich ausgerichtet war, der Vektor wie in Abb. 101 C dargestellt orientiert war.

Der Versatz kann dadurch illustriert werden, daß wir einen senkrechten Schnitt entlang dem Streichen der Verwerfung konstruieren (Abb. 101 D). Die Verschiebung fand danach schräg zum Fallen und Streichen der Störung statt und führte zu einer senkrechten Trennung um 100 m und zu einer horizontalen Verschiebung um etwa 130 m (v und h in Abb. 101 D). Bei der Verschiebung handelte es sich also entweder um eine Aufwärtsbewegung des nördlichen Blocks nach SE oder um eine Abwärtsbewegung des südlichen Blocks nach NW. Die Störung ist daher weder eine Aufschiebung noch eine Blattverschiebung, der Versatz ist zurückzuführen auf schräge Verschiebung. Es ist von größter Bedeutung, daß wir uns darüber im klaren sind, daß der anscheinend einheitliche Versatz der Faltenschenkel und des Scharniers entlang der Verwerfung nach Westen (Abb. 101 A) nicht als Beweis für eine horizontale Verschiebungs-

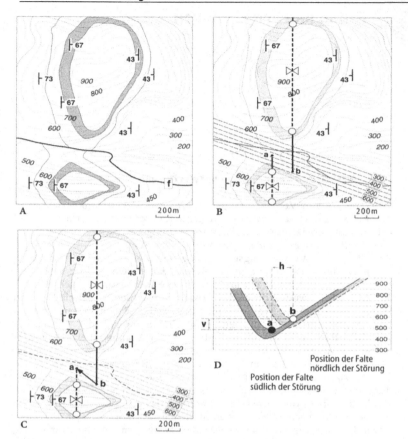

A

B

C

D

Position der Falte
nördlich der Störung
Position der Falte
südlich der Störung

Abb. 101 A–D. Versatz von Faltenscharnieren

komponente angesehen werden kann. Der Versatz könnte auch, wie später auszuführen sein wird, auf Verschiebung im Einfallen zurückzuführen
sein. Beachten Sie jedoch, daß wir durch die Festlegung des Faltenscharnieres für einen bestimmten Horizont (Abb. 101 B) leicht eine vertikale Verschiebungskomponente ableiten können. Das horizontale Scharnier liegt nördlich der Verwerfung auf 575 m, im Süden davon jedoch auf
475 m. Es muß auch eine horizontale Verschiebung stattgefunden haben,
da das Scharnier entlang der Verwerfung versetzt wurde.

13.1.1 Übung

Die gleiche Falte und die gleiche Störung sind in Abb. 102 dargestellt, jedoch liegt hier eine andere Verschiebung auf der Störung vor. Versuchen Sie zunächst, aus dem Versatz der Ausstrichmuster über die Verwerfung hinweg die wahrscheinliche Richtung und den Bewegungssinn der Verschiebung abzuleiten.

Lag hier eine horizontale Verschiebungskomponente vor oder nicht? Trat überhaupt eine senkrechte Komponente auf? Bestimmen Sie wie in Abb. 101 Punkte auf der Störungsfläche, die ursprünglich aneinander lagen. Berechnen Sie die senkrechte und die horizontale Verschiebung auf der Verwerfung und bestimmen Sie die wahrscheinlichen Richtungen und die Beträge der Verschiebung. Überprüfen Sie Ihre Analyse mit Hilfe der in Kapitel 15 vorgelegten Lösungen.

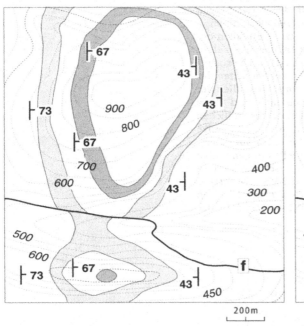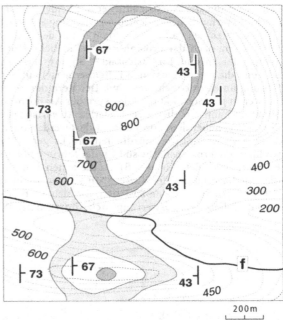

Abb. 102. Übung 13.1.1

Während wir aus der Lage versetzter Faltenscharniere die Verschiebung auf Verwerfungen genau berechnen können, lassen sich Falten auch in mehr allgemeiner Weise einsetzen, wenn wir rasch die Auswirkungen von Verwerfungsvorgängen erfassen wollen. In Abb. 103 A und D werden Versetzungen (Pfeile) von leicht asymmetrischen Antiform-Synform-Faltenpaaren im Fallen bzw. Streichen geneigter Störungen vorgestellt. In Abb. 103 B und E werden die Ausstrichmuster dieser versetzten Falten nach der Erosion gezeigt und in Abb. 103 C und F die Kartenbilder dieser Erosionsflächen. Beachten Sie, daß in beiden Fällen die Störungen im großen Winkel zum Streichen der Faltenachsen verlaufen. Unter bestimmten Voraussetzungen können wir aus dem gegenseitigen Verhältnis der Ausstrichmuster auf beiden Seiten der Verwerfungen rasch die vermutliche Verschiebungsrichtung auf letzterem bestimmen.

Beachten Sie, daß in Abb. 103 B durch den Versatz im Einfallen der Verwerfung nach der Erosion unterschiedliche Höhenlagen der Falten aufgeschlossen sind. Im Kartenbild (Abb. 103 C) ist dies dadurch erkennbar, daß die aufgeschlossenen Faltenkerne (w) auf den beiden Seiten der Störung unterschiedlich breit sind. Der Kern der Synform ist südlich der Verwerfung breiter, während der Kern der Antiform schmaler wird. Diese Situation kann nur durch eine relative Abwärtsbewegung des südlichen Blocks gegenüber dem nördlichen erklärt werden oder durch eine relative Aufwärtsbewegung des nördlichen Blocks gegenüber dem südlichen, wodurch die Erosionsfläche südlich der Störung höhere Positionen in den Falten anschneidet (Abb. 103 B). Da die Falten asymmetrisch sind, weisen die Faltenachsen auf der Karte einen kleinen seitlichen Versatz entlang der Verwerfung auf, eine Situation, die sich auch ergeben würde, wenn das Streichen der Verwerfung nicht im rechten Winkel zu dem der

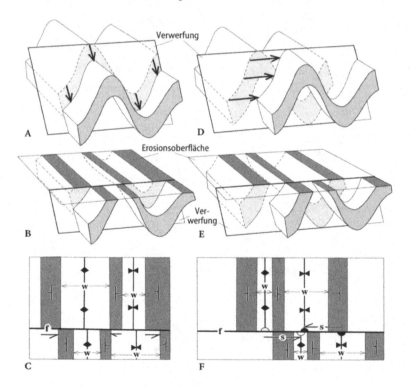

Abb. 103 A–F. Versatz von Falten entlang von Verwerfungen

Faltenachsen verliefe. Wie bereits oben ausgeführt, kann ein solcher horizontaler Versatz nicht unbedingt als Hinweis auf Verschiebung im Streichen oder schräg dazu gewertet werden. Daß im vorliegenden Falle keine horizontale Verschiebung stattgefunden hat, wird dadurch belegt, daß Faltenschenkel und -achsen zwar entlang der Verwerfung verschoben sind, aber die Richtungen unterschiedlich (Halbpfeile in Abb. 103 C). Eine solche Situation ist nur möglich, wenn die Hauptkomponente der Verschiebung in einem großen Winkel zum Streichen der Verwerfung liegt.

In Abb. 103 D, E und F hat die Bewegung auf der Verwerfung die Falten horizontal entlang dem Streichen der Verwerfung versetzt, so daß es zu keiner Änderung der Höhenlage der Falten kam. Dies ist in Abb. 103 F an Ähnlichkeiten in der Ausstrichbreite der Faltenkerne auf beiden Seiten der Störung erkennbar. Beachten Sie dabei auch, daß wegen der flachen Natur der Erosionsfläche (geringes topographisches Relief) die Verschiebungsbeträge der Faltenschenkel und -achsen (weiße bzw. schwarze Halbkreise) einheitlich und gleichsinnig (Halbpfeile) sind. Eine solche Kombination von Merkmalen kann nur durch eine Blattverschiebung verursacht werden.

Wenn wir annehmen, daß wir die gleichen Falten auf beiden Seiten einer Störung identifizieren können und daß das topographische Relief gering ist, dann können wir aus obiger Diskussion klar ableiten, daß es uns die Beurteilung des Ausstrichverhaltens von Falten über Verwerfungen hinweg ermöglicht, rasch und ohne vorherige detaillierte Analyse die Art des Versatzes entlang von Verwerfungen abzuleiten. Selbst wenn die Topographie stärker ausgeprägt ist, können wir ähnliche Schlußfolgerungen ziehen, wobei jedoch Vorsicht angeraten ist, da etwaige Verschiebungen von Ausstrichen auch auf topographische Einflüsse zurückgeführt werden können. Wir müssen uns aber vor Augen halten, daß aufgrund der Tatsache, daß die Verschiebung von Faltenachsen und Schichten entlang von Störungen auch durch Verschiebung im Einfallen, durch die Topographie oder durch Blattverschiebungsbewegungen oder schräge Verschiebungen verursacht werden kann, Änderungen in der Ausstrichbreite oder deren Fehlen uns die wichtigsten Hinweise bei entsprechenden Überlegungen liefern.

Die oben beschriebenen einfachen Fälle nehmen an Komplexität zu, wenn es sich um überkippte Falten handelt. Da in solchen Fällen alle Faltenschenkel in der gleichen Richtung, jedoch mit unterschiedlichen Winkeln einfallen, kann eine oberflächliche Betrachtung der Verschiebungen von Faltenschenkeln entlang von Verwerfungen zu irrigen Schlußfolgerungen führen. In Abb. 104 A streicht die Störung schräg zum Achsenstreichen der überkippten Falten, und die Verschiebungsrichtung liegt im Einfallen der Störungsfläche. Da hier, wie auch in Abb. 103 B die abgesunkene Scholle südlich der Verwerfung liegt, bringt die Erosion unterschiedliche Höhenlagen der Strukturen an die Oberfläche (Abb. 104 B). Im Gegensatz zu dem vorhergehenden Beispiel führt die Verschiebung hier dazu, daß die Ausstriche aller Faltenschenkel und -achsen auf der Nordseite der Verwerfung einheitlich nach links verschoben werden (Abb. 104 C).

Auf den ersten Blick scheint dies das Resultat von Blattverschiebungsbewegungen zu sein, eine genauere Analyse zeigt jedoch, daß die Verschiebungsbeträge (scheinbarer Versatz) für die einzelnen Lagen unterschiedlich groß sind. Insbesondere die Änderungen in der Breite der Faltenebene entlang der Verwerfung beweisen eine beträchtliche aufwärts- oder abwärtsgerichtete Bewegungskomponente. Das Schmalerwerden des Antiformkerns südlich der Störung in Kombination mit der

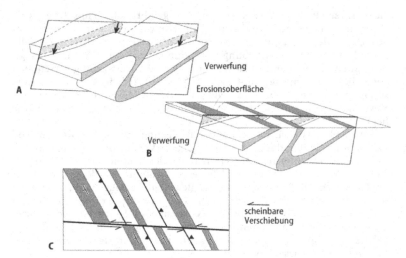

Abb. 104 A–C. Versatz von Falten entlang von Verwerfungen

Verbreiterung der Synform zeigt, daß die südliche Scholle von einer vertikalen Verschiebungskomponente erfaßt wurde. Dieser Umstand alleine schließt jedoch eine schräggerichtete Verschiebungskomponente nicht aus. Um eine solche Frage zu beantworten, benötigten wir Punkte, an denen bestimmte Faltenscharniere die Verwerfungsfläche wie in Abb. 101 durchstoßen.

Wo das Streichen von Störungen nahe den Achsenrichtungen der von ihnen versetzten Falten verläuft, müssen wir zur Analyse der Verschiebungsbeträge und -vektoren Schnittstellen planarer Elemente, wie z.B. Faltenschenkel mit der Verwerfungsfläche, konstruieren und wie oben beschrieben die Position von Faltenscharnieren auf beiden Seiten der Störung berechnen.

13.2 Übungen

13.2.1

In Abb. 105 versetzen zwei Verwerfungen verfaltete Sedimente mit der angegebenen senkrechten Abfolge. Können Sie nach der Verschiebung der Ausstriche über die Verwerfungen hinweg die Verschiebungsrichtungen angeben? Bestimmen Sie unter Zuhilfenahme der Beziehungen zwischen Ausstrichform und Topographie das Einfallen der Verwerfungen und finden Sie in jedem Verwerfungsblock die Scharniere der Großfalten. Beurteilen Sie mit diesen Ergebnissen die Versetzungen entlang den Verwerfungen.

Handelt es sich bei Annahme seitlich gerichteter Bewegungen bei jeder Verwerfung um Abschiebungen im Einfallen oder schräg dazu oder um Blattverschiebungen? Überprüfen Sie Ihre Schlußfolgerungen mit Hilfe von Strukturlinien und einem Vergleich der Profilgeometrie der Falten in jedem der drei Blöcke.

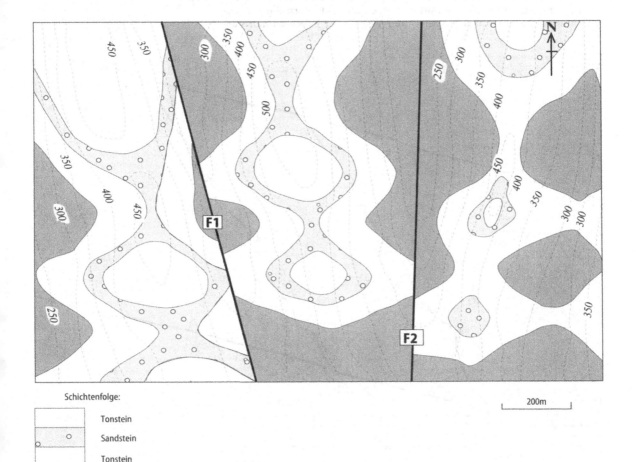

Abb. 105. Übung 13.2.1

113

13.2.2

Das in Abb. 106 gezeigte Gebiet weist, abgesehen von den tief eingeschnittenen Flußtälern, eine relativ flache Topographie auf. Eine Wiederholung von Ausstrichen der gleichen Schluffstein-, Sandstein- und Konglomeratformationen wird durch Verwerfungen unterschiedlicher Anordnung versetzt. Lokalisieren und bestimmen Sie anhand der Symbole für Fallen und Streichen der Ausstrichform und der Wiederholung von Ausstrichen der gleichen Formationen die Art der vorhandenen Großfalten. Bestimmen Sie so weit wie möglich mit der Auswirkung der Verwerfungen auf die Falten die Art der Verwerfungen und zeichnen Sie die wahrscheinlichen Beträge und Richtungen der jeweiligen Verschiebungen ein. Erläutern Sie, warum der Versatz der Falten an den Verwerfungen 1 und 4 unterschiedlich ist. (Bevor Sie Ihre Analyse beginnen, sollten Sie zu Kapitel 8 und dem Anfang von Kapitel 13 zurückgehen.)

Überprüfen Sie nach Beendigung Ihrer Analyse Ihre Schlußfolgerungen mit Hilfe der in Kapitel 15 gebotenen Lösung und den entsprechenden Erläuterungen.

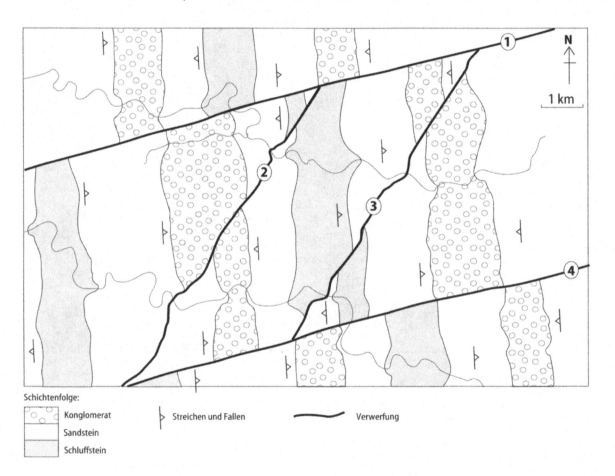

Schichtenfolge:

⬡ Konglomerat   ⊦ Streichen und Fallen   〜 Verwerfung

Sandstein

Schluffstein

Abb. 106. Übung 13.2.2

14   Kartenübungen

Die nachstehende Folge von Kartenübungen (Abb. 107-114) kann mit einer Kombination der Techniken gelöst werden, die in den früheren Kapiteln dieses Handbuches erläutert worden sind. In einigen Fällen könnten auch fortschrittliche Analysetechniken wie stereographische Datenprojektionen eingesetzt werden, die jedoch den Rahmen dieses Buches überschreiten würden. Die Karten geben zwar nicht wirkliche Gebiete wieder, sie orientieren sich jedoch an realen Situationen. Sie liefern damit Übungen, mit Hilfe derer der Leser Erfahrungen gewinnen kann, die bei der Analyse geologischer Karten von Nutzen sind, und mit der er seine Fähigkeit, zu einer dreidimensionalen Würdigung von auf Karten dargestellten Strukturen zu kommen, weiterentwickeln kann. Wie bei den vorausgegangenen Übungen werden die jeweiligen Auflösungen in Kapitel 15 dargestellt. Diese sind zwar mehr zusammenfassend, werden Ihnen aber bei der Überprüfung Ihrer Analyse helfen und Sie verstehen lassen, wie die in diesem Handbuch beschriebenen Techniken anzuwenden sind. Sie zeigen außerdem, wie die geologische Geschichte eines Gebietes enträtselt werden kann. Sie sollten bei jeder Übung die vorhandenen Strukturen so genau wie möglich analysieren und eine geologische Geschichte daraus ableiten.

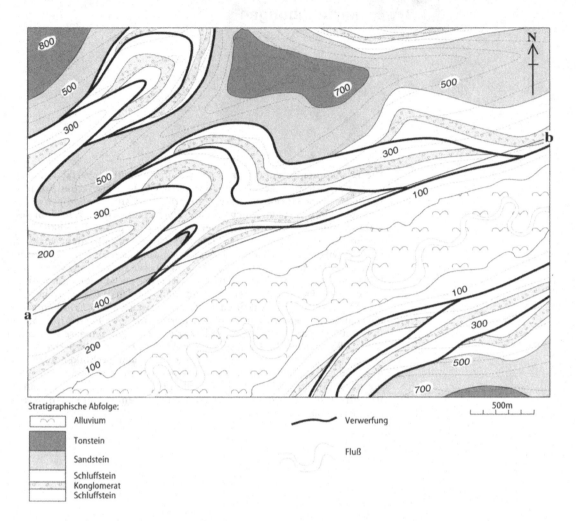

Stratigraphische Abfolge:

- Alluvium
- Tonstein
- Sandstein
- Schluffstein
- Konglomerat
- Schluffstein

Verwerfung

Fluß

500m

Abb. 107. Übung 14.1

Seite gegenüber:
Abb. 108. Übung 14.2

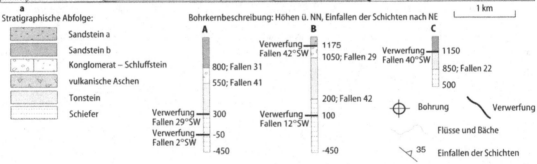

a

Stratigraphische Abfolge:

- Sandstein a
- Sandstein b
- Konglomerat – Schluffstein
- vulkanische Aschen
- Tonstein
- Schiefer

Bohrkernbeschreibung: Höhen ü. NN, Einfallen der Schichten nach NE

A
800; Fallen 31
550; Fallen 41
Verwerfung Fallen 29°SW — 300
Verwerfung Fallen 2°SW — -50
-450

B
Verwerfung Fallen 42°SW — 1175
1050; Fallen 29
200; Fallen 42
Verwerfung Fallen 12°SW — 100
-450

C
Verwerfung Fallen 40°SW — 1150
850; Fallen 22
500

⊕ Bohrung   ⌒ Verwerfung

Flüsse und Bäche

◁ 35   Einfallen der Schichten

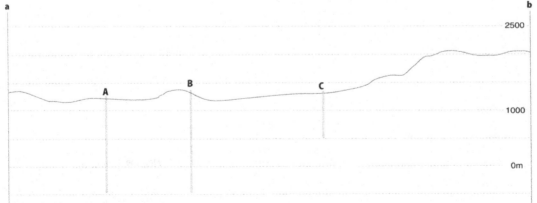

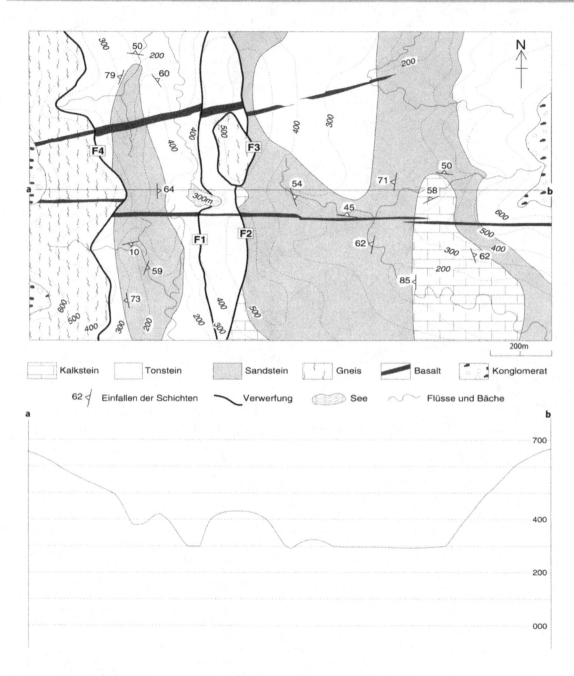

Abb. 109. Übung 14.3

Seite gegenüber:
Abb. 110. Übung 14.4

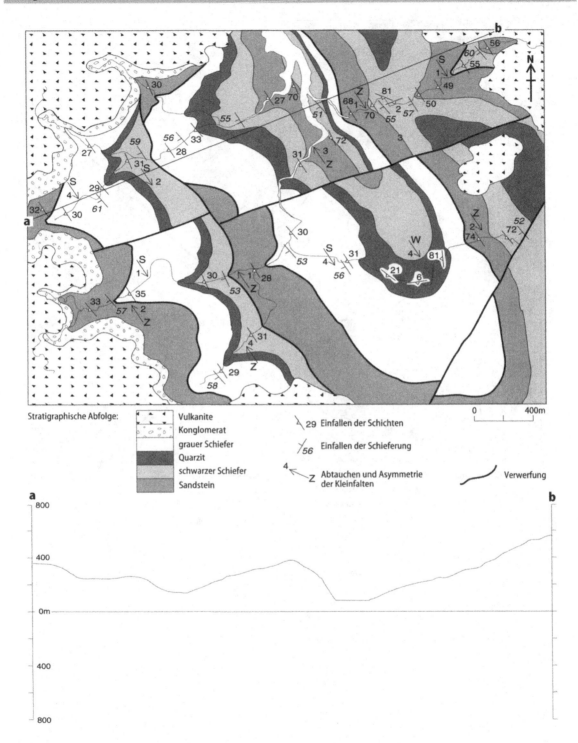

Stratigraphische Abfolge:

Vulkanite
Konglomerat
grauer Schiefer
Quarzit
schwarzer Schiefer
Sandstein

⟍29 Einfallen der Schichten

⟋56 Einfallen der Schieferung

4 ← Z Abtauchen und Asymmetrie der Kleinfalten

Verwerfung

0 · · · · · 400m

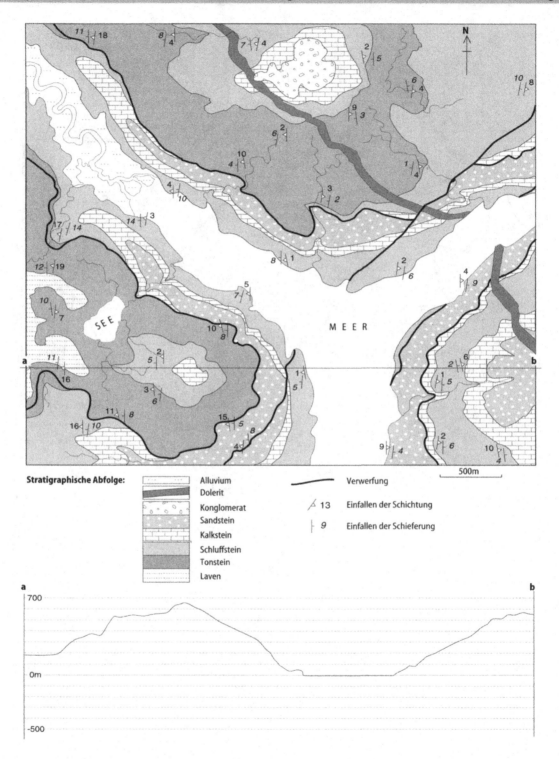

Stratigraphische Abfolge:

	Alluvium
	Dolerit
	Konglomerat
	Sandstein
	Kalkstein
	Schluffstein
	Tonstein
	Laven

Verwerfung

13   Einfallen der Schichtung

9   Einfallen der Schieferung

500m

120

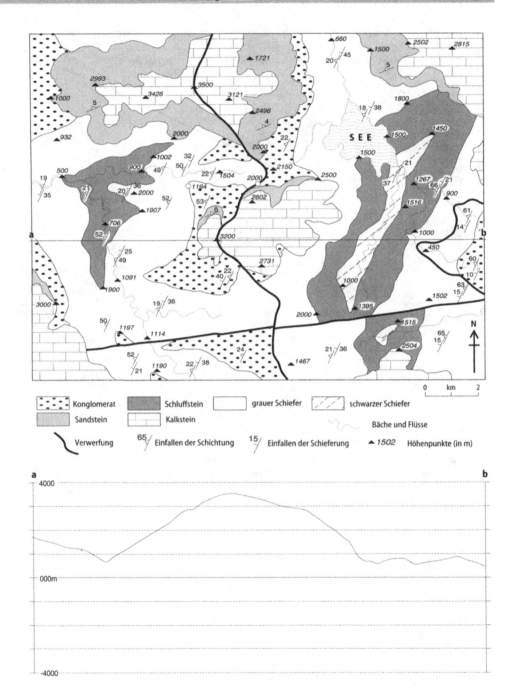

Abb. 112. Übung 14.6

Seite gegenüber:
Abb. 111. Übung 14.5

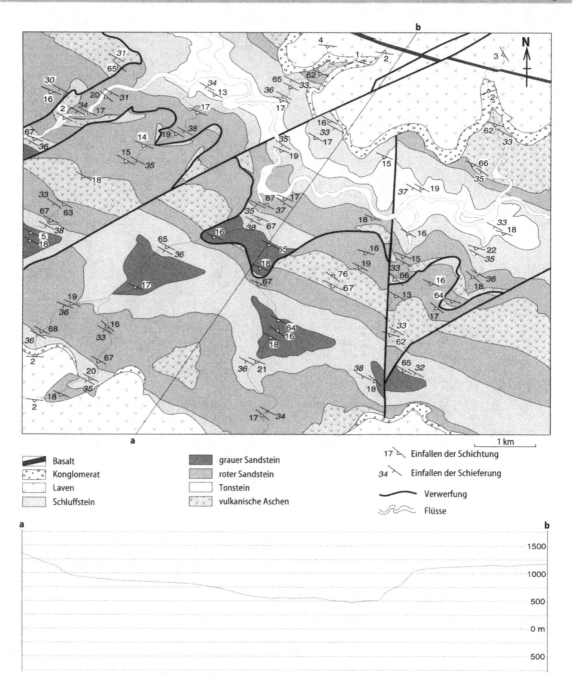

Abb. 113. Übung 14.7

Legende:

- Basalt
- Konglomerat
- Laven
- Schluffstein
- grauer Sandstein
- roter Sandstein
- Tonstein
- vulkanische Aschen

17 ⌐ Einfallen der Schichtung

34 ⌐ Einfallen der Schieferung

Verwerfung

Flüsse

1 km

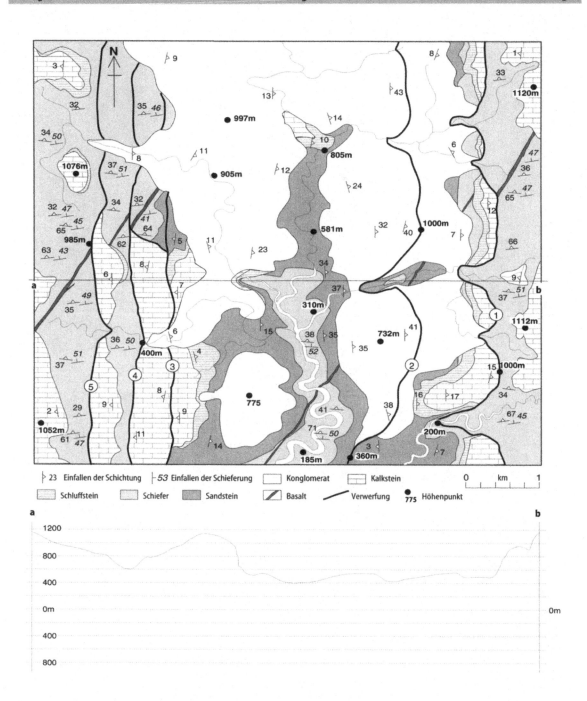

Abb. 114. Übung 14.8

Lösungen zu den Übungen

Lösung zu 3.7.1: Karte A

Die Linien zwischen den verschiedenen Gesteinstypen der Karte stellen die Oberflächenausstriche der jeweiligen Kontakte dar. Bekannte Höhenpunkte der Ausstriche der Kontakte zwischen Sandstein und Tonstein bzw. Schluffstein und Sandstein sind in der nachfolgenden Abb. A durch weiße Kreise markiert. Für den Sandstein-Konglomerat-Kontakt liegen keine entsprechenden Punkte vor, wir wissen aber, daß dieser Kontakt überall zwischen 400-500 m liegt. Durch Punkte gleicher Höhe gezogene Strukturlinien für den Tonstein-Sandstein- und den Schluffstein-Sandstein-Kontakt verlaufen gerade und parallel, bei letzterem jedoch in kleinerem Abstand als bei ersterem. Somit handelt es sich bei den Kontakten um ebene, jedoch geneigte Flächen, die in der gleichen Richtung streichen, jedoch mit unterschiedlichen Winkeln nach Osten einfallen, wobei Norden jeweils am oberen Rand der Karte liegt.

Um einen Schnitt zeichnen zu können, werden die Positionen, an der die Strukturlinien die Schnittlinie kreuzen, auf einem an der Schnitttlinie angelegten Papierstreifen markiert (Abb. B) und auf die Schnittebene übertragen (Abb. C). Punkte, an denen Ausstriche der Schichtkontakte die Schnittlinie kreuzen (Quadrate), werden auf gleiche Weise in den Schnitt übertragen. Damit kann die Lage der beiden Kontaktflächen sowohl über als auch unter der Erdoberfläche festgelegt werden.

Es ergibt sich aus der Karte eindeutig, daß der Konglomerat-Sandstein-Kontakt den zwischen Sandstein und Schluffstein an den durch schwarze Kreise markierten Punkten kreuzt. Diese liegen auf einer geraden, die Schnittlinie kreuzenden Linie, und somit kann der Treffpunkt der beiden Flächen in die Schnittebene übertragen werden (schwarzer Kreis in Abb. C). Wenn wir diesen Punkt mit dem Ausstrich des Konglomerat-Sandstein-Kontaktes in der Schnittebene verbinden, so wird erkennbar, daß dieser Kontakt horizontal liegt. Eine solche Lage wird auch durch den parallelen Verlauf zwischen Ausstrich des Kontaktes und den Höhenlinien angezeigt, was sich daraus ergibt, daß definitionsgemäß die Höhenlinien den Schnitt horizontaler Flächen einer bestimmten Höhenlage mit der Erdoberfläche darstellen. Aus dem Schnittbild können wir ableiten, daß die vertikale Abfolge der Gesteine so ist wie neben Abb. C dargestellt, wobei die Unterkante des Schluffsteins die darunterlagernden Gesteine kappt. Eine solche Situation wird als diskordant bezeichnet. Wir können jedoch weder aus der Karte noch aus dem Schnittbild erkennen, ob der Konglomerat-Sandstein-Kontakt diskordant zu dem zwischen Sandstein und Tonstein verläuft oder umgekehrt.

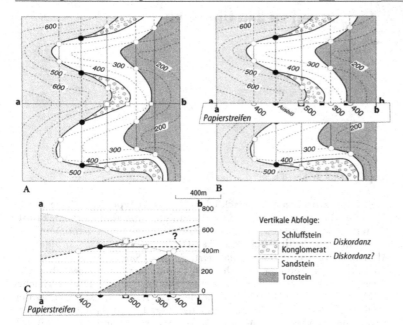

A   B

C

400m

Papierstreifen

Papierstreifen

Vertikale Abfolge:

- Schluffstein
  Diskordanz
- Konglomerat
  Diskordanz?
- Sandstein
- Tonstein

Lösung zu 3.7.1: Karte B

Einige der Aufschlüsse des Kohleflözes (schwarze Kreise) liegen auf
Höhenlinien, so z.B. drei Punkte auf 200 m (Abb. A). Die Verbindungslinie zwischen diesen verläuft gerade und deutet an, daß das Flöz NW-SE
streicht, wobei in der Karte Norden oben liegt. Eine Linie durch die beiden auf 300 m liegenden Ausstriche streicht ebenfalls NW-SE und verläuft parallel zu der für 200 m, woraus sich ein einheitliches Streichen für
das Kohleflöz ergibt. Zeichnen wir dazu parallel eine Linie durch den
Ausstrich bei 400 m, so beobachten wir, daß diese im gleichen Abstand
(s) von der Strukturlinie für 300 m verläuft, was auf ein einheitliches
Einfallen nach SW schließen läßt. Der Ausstrich bei 600 m liegt im
Abstand 2 s von der extrapolierten 400-m-Linie. Bei dem Kohleflöz handelt es sich somit um eine glatte geneigte Fläche mit einheitlichem
Einfallen nach SW. Da wir nun das Streichen und den Einfallswinkel kennen, können wir die Position der Strukturlinien für 100 m und 500 m
extrapolieren, die jeweils im Abstand s von den benachbarten Linien verlaufen.

Da eine geologische Fläche definitionsgemäß sehr nahe der topographischen Oberfläche verläuft, wo sich Strukturlinien und Höhenlinien der
gleichen Höhe berühren, können wir auf der Karte zusätzlich „Ausbisse"
(weiße Kreise) eintragen, d.h. Punkte, an denen der Ausstrich durch
Vegetation oder Bodenbildungen überdeckt wird. Wenn wir nun diese
Punkte verbinden, so zeichnen wir eine Karte so, als ob keine Boden-
überdeckung vorhanden wäre. Dabei müssen wir jedoch den Einfluß der
Topographie auf die Ausstrichform berücksichtigen, d.h. diese über Täler
und Hügel hinweg V-förmig verlaufen lassen. Da die Gesteine nach SW
einfallen, bedecken die das Kohleflöz überlagernden Gesteine die höheren
Bereiche wie in Abb. B und dem Schnitt in Abb. C gezeigt.

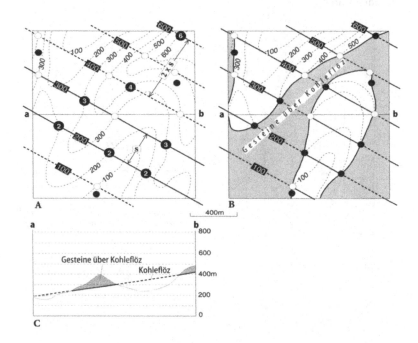

Lösung zu 3.7.2: Karte A

Der Kalkstein unterlagert die höheren Geländeteile, und sein Kontakt mit dem Tonstein verläuft parallel zu den Höhenlinien. Der Kalkstein überlagert daher mit nahezu horizontalem Kontakt zwischen 600 und 700 m den Tonstein. Form und Lagerung des Tonstein-Sandstein-Kontaktes sind schwer zu interpretieren, und anscheinend können zwei verschiedene Scharen von Strukturlinien gezeichnet werden: eine komplexe, etwa E-W- und stellenweise N-S-verlaufende Schar *oder* eine einheitlich parallel verlaufende, N-S-streichende Schar (gestrichelte bzw. durchgezogene Linien in Abb. A). Wird letztere Schar komplettiert (Abb. B), so ergibt sich eine einfache Erklärung für die Form des Kontaktes, die mit der V-Form der Ausstriche über dem Bergrücken in Einklang steht. Der Kontakt scheint somit gekrümmt-planar zu sein, wobei der Tonstein den Sandstein überlagert und der Kontakt auf der Ostseite nach Westen und auf der Westseite nach Osten einfällt. Der Wechsel im Einfallen findet entlang einer N-S-verlaufenden Linie in der Mitte der Karte statt und ist im Profil mit einem Kreis angedeutet. Der Kontakt ist somit gefaltet und wird diskordant von den horizontal liegenden Kalksteinen gekappt (Abb. C).

Die andere Strukturlinienschar erfordert für den Kontakt eine außergewöhnlich komplexe Form mit stark schwankendem Fallen und Streichen. Obwohl eine solche Form nicht unmöglich ist, ist sie jedoch wenig wahrscheinlich, wenn wir die aufgezeigte wesentlich einfachere Erklärung berücksichtigen und die Verhältnisse zwischen Ausstrichformen und Topographie.

Aus dem Profilschnitt können wir erkennen, daß die senkrechte Abfolge wirklich der angegebenen entspricht so wie gezeigt ist und daß die Basis der Kalksteinformation diskordant auf den darunterliegenden Gesteinen liegt, d.h., sie weist eine andere Lage auf und muß daher erst abgelagert worden sein, nachdem die älteren Gesteine bereits gefaltet worden waren.

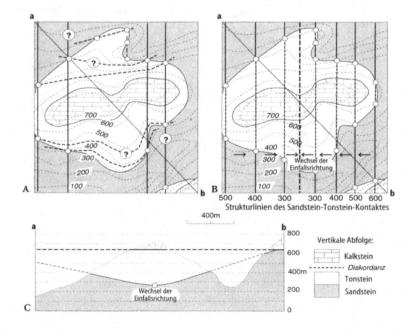

Strukturlinien des Sandstein-Tonstein-Kontaktes

400m

Vertikale Abfolge:

Kalkstein
Diskordanz
Tonstein
Sandstein

Wechsel der Einfallsrichtung

Lösung zu 3.7.2: Karte B

Der Tonstein bildet die Höhenrücken und liegt daher über den Sandsteinen. Der Tonstein-Sandstein-Kontakt verliert einheitlich nach Süden hin an Höhe, was auf ein entsprechendes Einfallen hinweist.

Mit Ausnahme von drei Stellen bei 400 m und bei 600 m lassen sich keine geraden Strukturlinien durch mehr als zwei Punkte gleicher Höhe zeichnen (Abb. A). Die vorläufigen Strukturlinien in Abb. A weisen jedoch alle ein einheitliches Generalstreichen auf und befinden sich in Übereinstimmung mit dem südgerichteten Einfallen des Kontaktes. Kurvig verlaufende Strukturlinien (Abb. B) passen jedoch zu den vorhandenen Daten und zeigen, daß der Kontakt gekrümmt-planar mit schwankendem Fallen und Streichen verläuft.

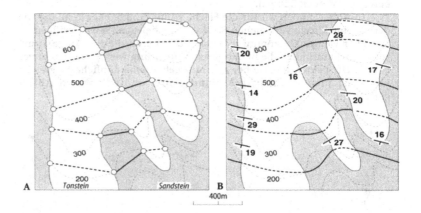

Lösung zu 4.4.1

Der Verlauf der Ausstrichformen im Tal zeigt, daß beide Flächen nach Westen einfallen. Im Nordteil kreuzen die Ausstriche der Kontakte die Höhenlinien ohne große Richtungsänderungen, was auf steiles Einfallen nach Süden hinweist. In Abb. A ergeben sich für die Fläche S je drei Punkte gleicher Höhe bei 350 m und 400 m (schwarze Punkte). Diese liegen nicht auf parallelen geraden Linien, sondern auf einander ähnlichen Kurven. Die Flächen müssen daher gekrümmt-planar mit schwankendem Fallen und Streichen verlaufen. Ausgehend von diesen beiden Strukturlinien können mit den anderen bekannten Höhenpunkten (weiße Kreise) die Strukturlinien für 250, 300, 450 und 500 m extrapoliert werden, wodurch die Werte für das Einfallen (Abb. B) aus dem gegenseitigen Abstand der Strukturlinien mit Hilfe der in Abb. 17 erläuterten Technik berechnet werden können.

In Abb. C finden wir für die Fläche r fünf Punkte bei 350 m, die wiederum eine kurvig verlaufende Strukturlinie belegen. Sonst verfügen wir nur über wenige Datenpunkte, jedoch definieren die bei 200, 250 und 300 m Strukturlinien, die in der gleichen Richtung wie die bei 350 m verlaufen. Die beiden Punkte bei 400 m ergeben eine ähnliche Kurve. Die Fläche ist somit ebenfalls gekrümmt-planar und fällt wie in Abb. D gezeigt ein.

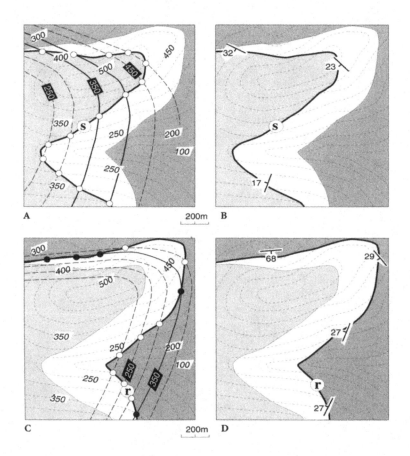

Lösung zu 4.4.2

In Abb. A läßt das Verhältnis zwischen Ausstrichform und Topographie ein generelles Einfallen nach Osten bzw. Westen vermuten. Die Krümmung des Ausstrichs an den Seiten des Tales bei f ist nicht durch die Topographie zu erklären, da die Flanken des Tales nur verhältnismäßig gering geneigt sind. Diese beiden Beobachtungen zeigen, daß die geologische Fläche gekrümmt-planar ist und eine N-S-streichende Mulde (Synform) im Kartenbereich bildet. Dies wird durch die Strukturlinien und ein Profil bestätigt. Beachten Sie, daß die beiden Faltenschenkel unterschiedlich steil einfallen und es sich somit um eine asymmetrische Falte handelt.

In Abb. B weisen ähnliche Beobachtungen auf eine der Situation in Abb. A vergleichbare Struktur hin, wobei die Schichten auf der Westflanke jedoch senkrecht stehen, da die Ausstriche geradlinig und unbeeinflußt von der Topographie verlaufen (s. auch Abb. 22 E).

Der stark kurvige Verlauf der Ausstriche in Abb. C weist auf generell flaches bis mäßiges Einfallen nach Westen hin (s. auch Abb. 22 B und C). Auf dem Boden des Westteils des Tales (Pfeil) zeigt die nach Osten gerichtete Krümmung des Ausstrichs ein Einfallen in diese Richtung an. Die scharf gekrümmten Ausstriche des Schluffstein-Tonstein-Kontaktes auf den Flanken des Tales bei f müssen aufgrund der gleichen Gegebenheiten wie in Abb. A durch die Anwesenheit einer Falte erklärt werden, wobei hier jedoch die beiden Schenkel der Falte in die gleiche Richtung einfallen. Ableitung der Strukturlinien und Berechnung der Einfallswinkel zeigen, daß der Westschenkel der Falte mit 45° einfällt, der Ostschenkel hingegen mit 10° (s. auch Profil). Die Falte ist daher sowohl asymmetrisch als auch überkippt.

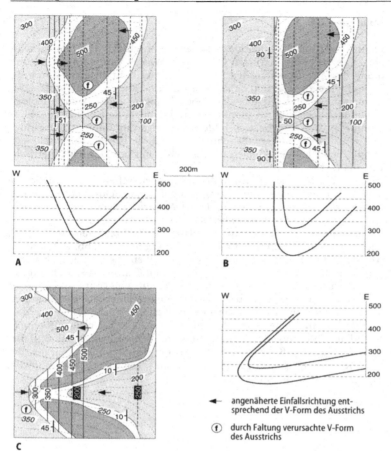

A

B

C

W ⊢—⊣ E   200m

→   angenäherte Einfallsrichtung ent-
    sprechend der V-Form des Ausstrichs

ⓕ durch Faltung verursachte V-Form
    des Ausstrichs

Lösung zu 4.4.3

Von der NE-Ecke der Abb. A aus steigen die Strukturlinien zunächst auf 350 m und fallen dann allmählich auf 200 m ab. Sie deuten somit eine sattelförmige NW-SE-streichende Auffaltung (Antiform) an. Da eine geologische Fläche dort zu Tage treten wird, wo sich Strukturlinien und Höhenlinien gleicher Höhe kreuzen, geben die Kreise in Abb. A den Verlauf der Fläche an der Erdoberfläche an. Unter Berücksichtigung der Topographie kann der Ausstrich eingezeichnet werden, und das V-förmige Verhalten in den Tälern und über den Hügeln (Pfeile) weist auf südwestliches bzw. nordöstliches Einfallen der Faltenschenkel hin, während der gekrümmte Verlauf der Ausstriche bei **f** das Faltenscharnier angibt.

In Abb. B verlieren die Strukturlinien von NE nach SW von 350 m an allmählich an Höhe, steigen dann auf 450 m, fallen wiederum auf 300 m und steigen schließlich auf 350 m. Die Fläche wurde somit in zwei Synformen mit einer Antiform dazwischen verfaltet.

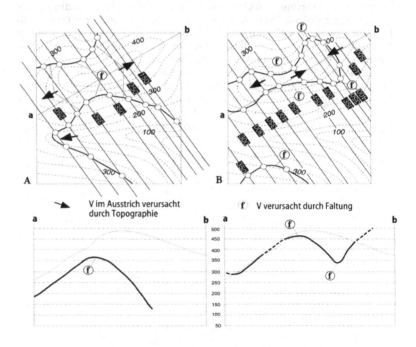

→ V im Ausstrich verursacht durch Topographie

f V verursacht durch Faltung

Lösung zu 4.4.4

Da die Karte ein großes Gebiet wiedergibt und das topographische Relief nur gering ist, sind geringere Änderungen in der Ausstrichform, die auf topographische Einflüsse zurückzuführen wären, nicht erkennbar. Größere Auswirkungen entlang von Flußtälern, Hügeln und Bergrücken sind jedoch ausgebildet und können zur Bestimmung der allgemeinen Lagerung der vorhandenen geologischen Flächen benutzt werden (s. dazu die Bemerkungen in Abb. A). Während der Profilschnitt nicht genau sein kann, da keine Strukturlinien gezeichnet werden können, liefert er uns dennoch wichtige Hinweise zur Struktur des Gebietes und der zeitlichen Abfolge der geologischen Ereignisse. Zunächst wurde eine ältere Abfolge aus Schluffen, Sanden und Laven abgelagert und dann verfaltet. Etwas später drangen die die Falten schneidenden Gänge ein, die dann beide entlang der Verwerfung versetzt wurden, wie aus den verschobenen Ausstrichen der Gänge und Falten ersichtlich ist.

Die Basis des Konglomerates schneidet die älteren Gesteine, und da sie nicht als Störung markiert ist, muß es sich um eine sedimentäre Diskordanz handeln. Diese Art Kontakt ist darauf zurückzuführen, daß Erosion die älteren Gesteine und Strukturen abgetragen hat und die Konglomerate dann auf dieser Erosionsfläche abgelagert wurden. Unstetigkeitsflächen dieser Art werden *Diskordanzen* genannt.

Beachten Sie, daß die Geologie in Abb. B sowohl unter als auch über der Erdoberfläche extrapoliert ist und die Kappung der Schichten an der Diskordanz gezeigt wird. Von unten nach oben lautet die senkrechte Abfolge der geschichteten Formationen: Schluffstein — Sandstein — Lava — Konglomerat, und der Dolerit durchschlägt die ersten drei Formationen.

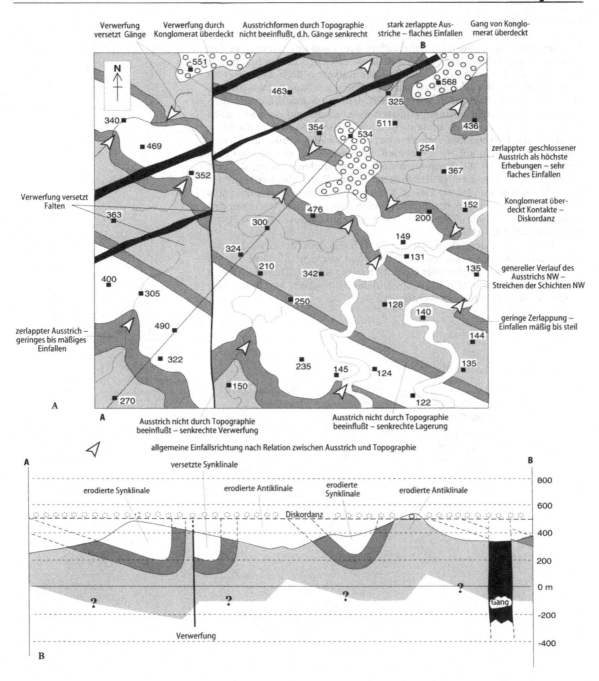

zerlappter geschlossener
Ausstrich als höchste
Erhebungen – sehr
flaches Einfallen

Konglomerat über-
deckt Kontakte –
Diskordanz

genereller Verlauf des
Ausstrichs NW –
Streichen der Schichten NW

geringe Zerlappung –
Einfallen mäßig bis steil

Lösung zu 5.3.1

Der Kalkstein liegt auf den Gipfelbereichen der Hügel und damit über den Ton- und Sandsteinen, wobei er den Kontakt zwischen beiden kappt. Die Strukturlinien (gestrichelt) zeigen, daß der Kalkstein flach nach Westen einfällt, während der Kontakt zwischen Schluff- und Sandsteinen (durchgezogene Linien) flach nach SSW einfällt. Um die Schnittlinie zwischen diesen beiden Flächen zu finden, müssen wir zunächst auf der Karte nach unmittelbaren Hinweisen suchen. Der Schluffstein-Sandstein-Kontakt schneidet die Kalksteinbasis an den vier durch weiße Kreise markierten Stellen. Diese liegen auf einer Geraden, bei der es sich um die gesuchte Schnittlinie handelt. Sie kann auch dadurch gefunden werden, daß wir diejenigen Stellen suchen, an denen sich Strukturlinien gleicher Höhe für beide Flächen schneiden (schwarze Kreise). Die Punkte liegen ebenfalls auf einer Geraden, da aus den Strukturlinien abgeleitet werden kann, daß es sich bei den beiden Flächen um zwar geneigte, jedoch in sich ebene Flächen handelt (s. Abb. 33).

Die Lagerung der Schnittlinie ergibt sich aus dem Streichen der entsprechenden Spur in der Karte (072- 252) und aus dem Abstand der auf ihr liegenden Punkte bekannter Höhe (schwarze Kreise). Diese fallen von 600 m in ENE auf 400 m in WSW ab, und das Abtauchen kann daraus wie in Abb. 32 mit 24° berechnet werden.

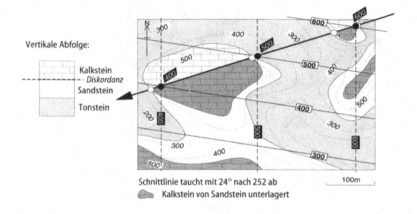

Schnittlinie taucht mit 24° nach 252 ab
Kalkstein von Sandstein unterlagert

Lösung zu 6.3.1

Entlang von Verbindungslinien zwischen den Bohrungen A, D und C fällt die Basis des Sandsteins von Süden nach Norden ein: von 500 m in **A** auf 250 m in **D** und von 400 m in C auf 250 m in **D**. Zwischen A und C fällt sie nach ENE von 500 m auf 400 m, und zwischen B und C besteht ein Höhenunterschied von 50 m. Wenn wir die Abstände zwischen den Punkten so unterteilen, daß jeder Abschnitt einer Höhendifferenz von 50 m entspricht, können wir die Strukturlinien für die Basis des Sandsteins zeichnen (unterbrochene Linien in Abb. A). Beachten Sie, daß entlang der Linie **D-C** die Abstände dem zwischen B und C entsprechen, da wir aus den Bohrlochdaten wissen, daß der Höhenunterschied zwischen letzteren 50 m beträgt. Diese Ableitungen zeigen, daß es sich bei der Basis um eine in sich ebene, aber mit etwa 30° nach NNE einfallende Fläche handelt.

In gleicher Weise können wir die Strukturlinien für die Oberseite des Konglomerates zeichnen (durchgezogene Linien in Abb. A), das mit 36° nach SSE einfällt. Da die Basis des Konglomerates in den Bohrungen A, B und C jeweils 50 m senkrecht unter seiner Oberseite liegt, werden die Strukturlinien der Unterseite parallel zu denen der Oberseite verlaufen, allerdings jeweils 50 m tiefer (Abb. A).

Die unterschiedlichen Höhenangaben für die geologischen Formationen zeigen, daß der Sandstein das Konglomerat überlagert, und aus der Lagerung der geologischen Flächen ergibt sich, daß es sich nicht um einen konkordanten Kontakt handelt, d.h. entweder um eine Verwerfung oder um eine Diskordanz. In Abb.A werden die Stellen, an denen sich Strukturlinien und Höhenlinien gleicher Höhe kreuzen, d.h. Punkte eventueller Ausstriche, durch kleine Quadrate und Kreise markiert sowie die Stellen, an denen die Basis des Sandsteins mit der Ober- bzw. Unterseite des Konglomerates zusammentreffen könnte, durch große Quadrate. Beachten Sie, daß diese Schnittstellen auf geraden, nahezu exakt E-W-verlaufenden Linien liegen.

Wenn wir nun diese Punkte verbinden, dabei jedoch die diskordante Natur der Sandsteinbasis berücksichtigen, können wir die Ausstriche der verschiedenen Flächen wie in Abb. B gezeigt konstruieren. Da das Konglomerat von Sandstein gekappt wird, wird sein Ausstrich auf der Kontaktfläche ein gerades Band bilden, da die Schnitte zwischen geraden geneigten Flächen gerade Linien sein müssen (s. Abb. 33). Beachten Sie, daß der Ausstrich des Konglomerates nicht durch einige der Punkte verläuft, die als mögliche Ausstriche bestimmt wurden, da er hier vor Ablagerung des Sandsteines bereits erodiert worden war. Da das Konglomerat nach Süden einfällt, begrenzt der Ausstrich seiner Basis an der Erdoberfläche und der Kontakt mit der diskordanten Unterseite des Sandsteines das vom Konglomerat unterlagerte Gelände nach Norden hin (Abb. B und C).

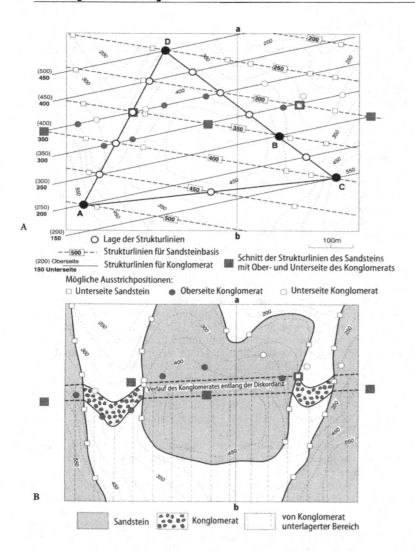

Mögliche Ausstrichpositionen:

□ Unterseite Sandstein ● Oberseite Konglomerat ○ Unterseite Konglomerat

○ Lage der Strukturlinien

---[500]--- Strukturlinien für Sandsteinbasis

(200) Oberseite
150 Unterseite
Strukturlinien für Konglomerat

■ Schnitt der Strukturlinien des Sandsteins mit Ober- und Unterseite des Konglomerats

100m

Verlauf des Konglomerates entlang der Diskordanz

Sandstein Konglomerat von Konglomerat unterlagerter Bereich

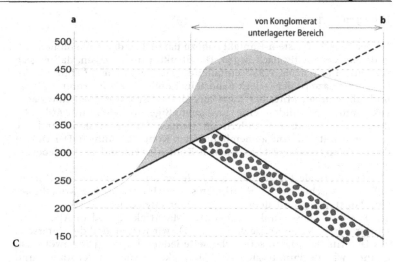

Lösung zu 7.2.1

Da der Dolerit-Tonstein-Kontakt nahezu parallel zu den Höhenlinien verläuft, muß er relativ flach liegen. Die Strukturlinien zeigen, daß es sich
um eine flach nach WSW einfallende Fläche handelt (Abb. A). Im
Gegensatz dazu ist der Dolerit-Sandstein-Kontakt stark gekrümmt-planar
und fällt von der Mitte der Karte aus ab. Die Strukturlinien sind daher
gekrümmt und bilden eine unregelmäßige Aufwölbung (Abb. A).
Beachten Sie, daß der Dolerit an einigen Stellen auskeilt und die
Tonsteine mit den Sandsteinen in direkten Kontakt kommen. Der Dolerit
drang entlang des Sandstein-Tonstein-Kontaktes ein und wölbte dabei die
Sandsteine auf.

Die vertikale Mächtigkeit des Dolerits ergibt sich aus der Höhendifferenz zwischen den Strukturlinien seiner Unterseite, dem Kontakt mit
den Tonsteinen, und denen seiner Oberseite, dem Kontakt mit den
Sandsteinen. Diese Punkte bekannter Mächtigkeit sind in Abb. B als
schwarze bzw. weiße Kreise dargestellt. Da wir wissen, daß die Unterseite
des Dolerits flach liegt, seine Oberseite jedoch kuppelartig gewölbt ist,
können wir die Punkte gleicher Mächtigkeit (Abb. C) verbinden und
damit eine Karte der Mächtigkeitsschwankungen und der ursprünglichen
Ausdehnung des Dolerits zeichnen (Abb. D).

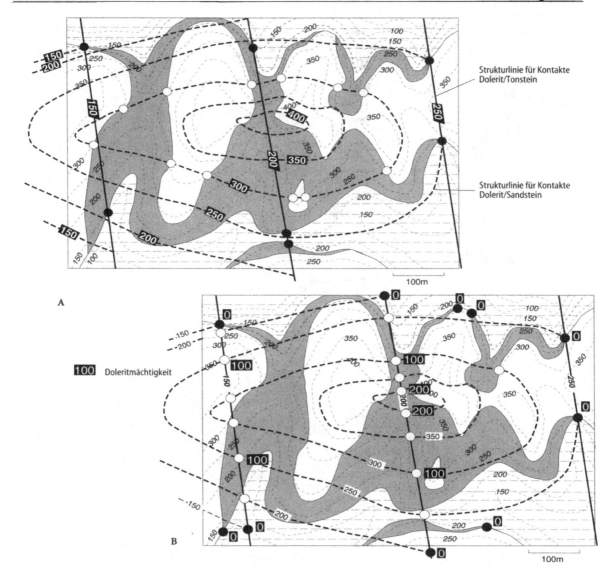

Strukturlinie für Kontakte
Dolerit/Tonstein

Strukturlinie für Kontakte
Dolerit/Sandstein

100m

A

B

100 Doleritmächtigkeit

100m

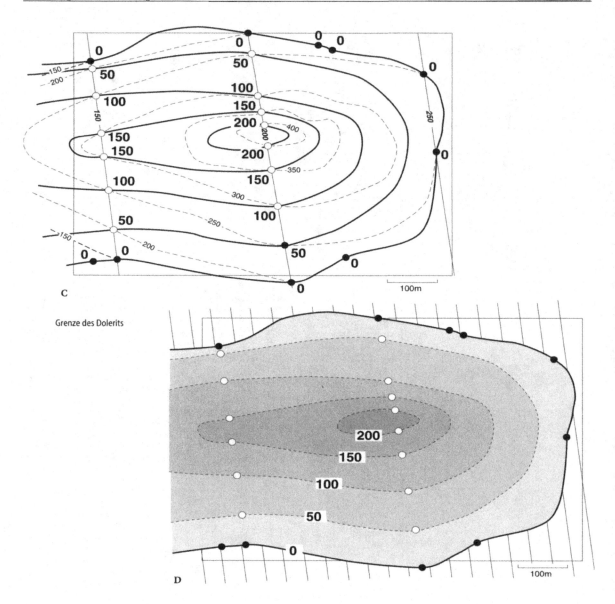

C

Grenze des Dolerits

D

Lösung zu 7.2.2

Im Süden der Karte schneidet das Konglomerat die Kontakte innerhalb der Abfolge aus vulkanischer Asche, Lava, Sandstein und Tonstein. Es liegt auf den Gipfelbereichen von Hügeln und Bergrücken und überlagert daher die anderen Gesteine diskordant (Abb. A).

Die vulkanische Asche tritt in den Tälern im Südteil der Karte und der NW-Ecke auf. Nach oben hin folgen darüber Lava, Sandstein und schließlich Tonstein, so daß es sich um die stratigraphische Abfolge handeln könnte. Die Strukturlinien für die Basis des Konglomerates zeigen, daß die Diskordanz eine gewellte nach WSW einfallende Fläche ist. Die Anordnung der darunterliegenden Gesteine ist nicht leicht zu entschlüsseln, jedoch weisen die Strukturlinien des Sandstein-Tonstein-Kontaktes auf eine asymmetrische synklinale Falte mit Abtauchen nach WSW hin (Abb. B). Das Konglomerat kappt somit eine Großfalte, die die älteren Gesteine deformiert hat.

Zur Beurteilung von Form und Mächtigkeit des Tonsteins können wir zunächst Isopachen (Linien gleicher Mächtigkeit) ableiten, wobei wir uns der Strukturlinien des Konglomerates und des Sandstein-Tonstein-Kontaktes bedienen. Abbildung C zeigt, wie die Mächtigkeit aus der Überlagerung der beiden Strukturlinienscharen berechnet wird, während die entsprechenden Isopachen in Abb. D dargestellt sind. Beachten Sie, daß in Abb. B-D die Schnittlinien zwischen dem Tonstein-Sandstein-Kontakt und der Diskordanz (hier Tonsteinmächtigkeit o) ebenfalls eingetragen sind. Bei Erosion vor der Ablagerung des Konglomerates wurde der Tonstein nordwestlich und südöstlich dieser beiden Linien abgetragen. Abbildung D zeigt die Mächtigkeitsschwankungen der Tonsteine, wie sie sich darstellten, bevor die Erosion die heutige Landoberfläche herausbildete. Um die gegenwärtigen Mächtigkeitsschwankungen festzustellen, müssen wir die Auswirkungen dieser Erosion berücksichtigen, da stellenweise Täler die Tonsteine durchschneiden und die darunterliegenden Sandsteine freilegen. Die Tonsteine wurden dabei komplett entfernt.

In Abb. E wurde die Mächtigkeit des Tonsteins für Punkte berechnet, an denen sich Strukturlinien mit Höhenlinien kreuzen, so daß Isopachen für die augenblicklichen Mächtigkeiten konstruiert werden können. Beachten Sie, daß der Ausstrich des Sandstein-Tonstein-Kontaktes die Nullinie der Mächtigkeit darstellt und daß wir da, wo der Tonstein unter dem Konglomerat liegt, die Isopachen der Abb. D zur Beurteilung der Mächtigkeiten heranziehen. Wir können damit vorhersagen, daß die größte Mächtigkeit des Tonsteins mit über 100 m in der Mitte des Ostteils der Abb. F auftreten wird.

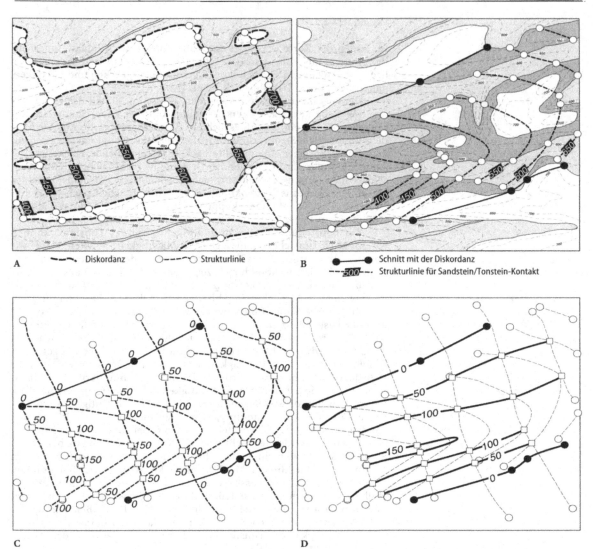

A   --- Diskordanz   O---O Strukturlinie

B   ●——● Schnitt mit der Diskordanz
   --500-- Strukturlinie für Sandstein/Tonstein-Kontakt

C

D

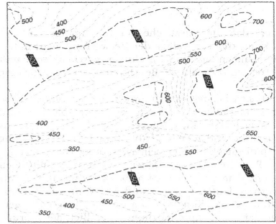

E ----■50■--. Isopachen

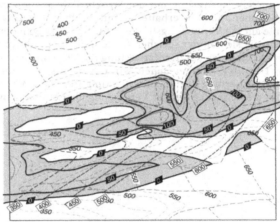

F --——500——-- Strukturlinie für Sandstein-Tonstein-Kontakt

350 topographische Konturen/Strukturlinie der Konglomeratbasis

Tonstein an bzw. unter Oberfläche

♂50 vertikale Mächtigkeit

Lösung zu 8.4.1

Wenn wir annehmen, daß die Ausstriche der Basaltgänge und des Sandstein-Tonstein-Kontaktes vor Anlage der Verwerfung nicht unterbrochen waren, dann erlauben uns die Schnittlinien zwischen dem Basalt und dem Sandstein-Tonstein-Kontakt die Bestimmung der Verschiebung auf der Störung.

Bei der Basaltintrusion handelt es sich um einen senkrechten Gang, da sein Ausstrich geradlinig unbeeinflußt von der Topographie verläuft. Die Verwerfung fällt nach SSE ein, desgleichen auch der Sandstein-Tonstein-Kontakt auf ihren beiden Seiten (Abb. B und C). Da der Gang senkrecht steht, liegen die Strukturlinien seiner Ränder vertikal übereinander entlang seinen Rändern (Abb. E). Daher werden die Schnittlinien zwischen dem Gang und dem Kontakt innerhalb der Sedimentfolge entlang den Gangrändern verlaufen (Abb. D und E). Wenn wir nun die Werte der Strukturlinien dieses Kontaktes am Gang entlang auftragen, können wir die Lage der Schnittlinie bestimmen: Südlich der Störung taucht sie nach SE von 600 m auf 400 m ab, nördlich davon in der gleichen Richtung von 400 m auf weniger als 200 m (Abb. D). Der 400-m-Punkt auf dieser Linie fällt lagenmäßig mit der Strukturlinie für 400 m auf der Störung zusammen, und wir erhalten damit die Positionen, an denen die Schnittlinie auf die Verwerfungsfläche trifft. Vor Einsetzen der Verwerfung befanden sie sich an der gleichen Stelle und somit gibt die Verbindungslinie zwischen ihnen auf der Verwerfung die Verschiebungsrichtung an (Abb. D und E). Dabei gehen wir davon aus, daß die Verschiebung auf der Verwerfung nur in einer Richtung stattfand. Wenn dem so war, so verlief die Bewegung auf der Verwerfung über etwa 400 m parallel zum Streichen.

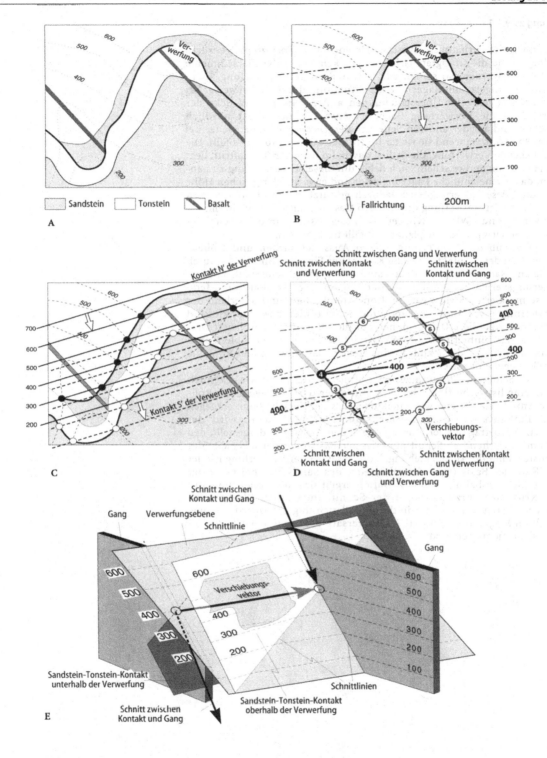

Sandstein   Tonstein   Basalt

A

B

Fallrichtung   200m

Fallrichtung

Kontakt N' der Verwerfung

Kontakt S' der Verwerfung

C

Schnitt zwischen Gang und Verwerfung
Schnitt zwischen Kontakt
und Verwerfung
Schnitt zwischen
Kontakt und Gang

Verschiebungs-
vektor

Schnitt zwischen
Kontakt und Gang
Schnitt zwischen Kontakt
und Verwerfung
Schnitt zwischen Gang
und Verwerfung

D

Schnitt zwischen
Kontakt und Gang
Gang   Verwerfungsebene
Schnittlinie

Gang

Verschiebungs-
vektor

Sandstein-Tonstein-Kontakt
unterhalb der Verwerfung

Schnittlinien

Sandstein-Tonstein-Kontakt
oberhalb der Verwerfung

E

Schnitt zwischen
Kontakt und Gang

Lösung zu 9.7.1

Wenn wir die Verhältnisse zwischen Geologie und Topographie berücksichtigen und die stratigraphische Abfolge kennen, in der die Sedimente
abgelagert wurden, so stellen wir fest, daß an der Verwerfung ältere
Gesteine jüngere überlagern, eine Situation, die üblicherweise bei
Aufschiebungen oder Überschiebungen auftritt. In der SW-Ecke der
Karte liegt die Verwerfung flach bei etwa 180 m. Direkt nördlich
anschließend auf der anderen Seite des Bergrückens tritt sie wieder bei
etwa 180 m auf, während sie weiter im Norden auf etwa 100 m abfällt. Die
flachliegende Verwerfung, die östlich davon im nächsten Tal auftritt, liegt
bei etwa 75 m, und es scheint sich dabei um dieselbe Verwerfung zu handeln, da sie eine ähnliche Lagerung zeigt und etwa auf der gleichen Höhe
verläuft. Diese Folgerung wird dadurch gestützt, daß an beiden Stellen
direkt über der Verwerfung die gleichen Gesteine auftreten. Während die
Verwerfung im SW- und NE-Teil flach liegt, ist sie im dazwischenliegenden Bereich gekrümmt-planar und fällt nach NE ein.

Oberhalb der Verwerfung weisen Ausstrichformen und Höhen-
angaben zu den Kontakten (weiße Kreise) auf Einfallen hin wie sie durch
Pfeile und Randnotizen angedeutet sind — dies gilt gleichermaßen für die
Lagerungsverhältnisse unterhalb der Verwerfung. An den durch fette
Kreise markierten Stellen werden Kontakte oberhalb und unterhalb der
Verwerfungen von dieser gekappt und Schnittlinien bzw. -punkte sind
erkennbar. Alle diese Daten können auf die Schnittfläche projiziert wer-
den, da das einheitliche NW-SE-Streichen der wenigen ableitbaren
Strukturlinien und die Schnittlinien anzeigen, daß Störung und Kontakte
parallel zueinander streichen.

Der Schnitt kann nunmehr gezeichnet werden, und wir erkennen
dabei eine listrische Überschiebung mit einer darüberliegenden „Roll-
over-Antiklinale". Wenn wir annehmen, daß die Verschiebung entgegen
dem Einfallen der Überschiebungsrampe erfolgte, dann wird der
Versetzungsbetrag auf der Störung durch den Abstand d dargestellt, den
Abstand zwischen den Schnittpunkten der Basis oder der Oberseite des
Sandsteins mit der Überschiebung. Vor Einsetzen der Verwerfung lag der
Abriß an der Basis (bzw. der Oberseite) des Sandsteins bei y auf der
Überschiebungsbahn an Punkt x. Daraus ergibt sich die gezeigte horizon-
tale Krustenverkürzung, wobei der Schnitt im rechten Winkel zum
Streichen verläuft und damit in der Einfallsrichtung der Überschiebung.
Beachten Sie jedoch, daß der Gesamtversatz d entlang der Überschie-
bungsbahn gemessen wird.

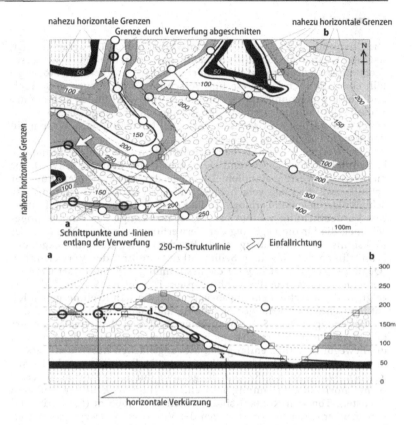

nahezu horizontale Grenzen
Grenze durch Verwerfung abgeschnitten

nahezu horizontale Grenzen
b

N

nahezu horizontale Grenzen

a
Schnittpunkte und -linien
entlang der Verwerfung

250-m-Strukturlinie

Einfallrichtung

100m

a

b

300
250
200
150m
100
50
0

d

y

x

horizontale Verkürzung

Lösung zu 9.7.2

Die Überprüfung der Ausstrichform im Verhältnis zur Topographie zeigt, daß im Westen die Störung **a** mäßig nach Osten einfällt, in dieser Richtung dann flacher wird und schließlich horizontal verläuft. Störung **e** fällt ebenfalls nach Osten ein und verschmilzt mit Störung **a**. Spiegelbildliche Entsprechungen dieser Störungen (**f** bzw. **g**) finden sich auf der Südseite des Haupttales, so daß gilt Störung a=f und e=g. Die Störungen **b**(=c) und **d** fallen im Gegensatz dazu steil bis mäßig nach Westen ein und werden von Störung **a** gekappt.

Im Westteil sowie unterhalb der Störung **a** scheinen die Sedimente horizontal zu liegen, während sie oberhalb der Störung schwach bis mäßig nach Westen einfallen. Die Lage der Strukturlinien und der Schnitte zwischen den verschiedenen Flächen (Abb. A) bestätigt diese Schlußfolgerungen und ermöglicht die Konstruktion eines Profilschnittes. Zur Verdeutlichung werden in Abb. A nur einige der Punkte eingezeichnet, die für die Lagerung der Verwerfungen und der Oberseite des Kalksteins von Bedeutung sind. Beachten Sie, daß die Lage der Schnittlinien der einzelnen Sedimentkontakte und der Verwerfungen (Quadrate) genauso wichtig für die Bestimmung der Lage dieser Grenzen im Schnittbild ist wie die Strukturlinien. Der fertige Schnitt (Abb. B) zeigt, daß listrische Dehnungsbrüche und die damit einhergehenden antithetischen Verwerfungen Sedimente und Gänge schneiden und daß die Bewegung auf der Störung zu einer „Roll-over-Antiklinale" geführt hat. Wenn wir nur Verschiebung im Einfallen annehmen, dann werden die Bewegungsbeträge entlang den Störungsflächen durch den Versatz der verschiedenen Markierungshorizonte (Halbpfeile in Abb. B) angegeben. Wir können außerdem die gesamte durch die Störungen verursachte horizontale Dehnung messen. Die Punkte **x** und **y** auf dem Sandstein-Tonstein-Kontakt sind zur Zeit etwa 3090 m (l_n) horizontal voneinander entfernt. Vor Einsetzen der Verwerfungsbewegungen waren sie jedoch um $l_1+l_2+l_3+l_4=2870$ m entlang des Kontakts im Schnittbild voneinander entfernt. Die Dehnung beträgt somit 3090 m - 2870 m = 220 m.

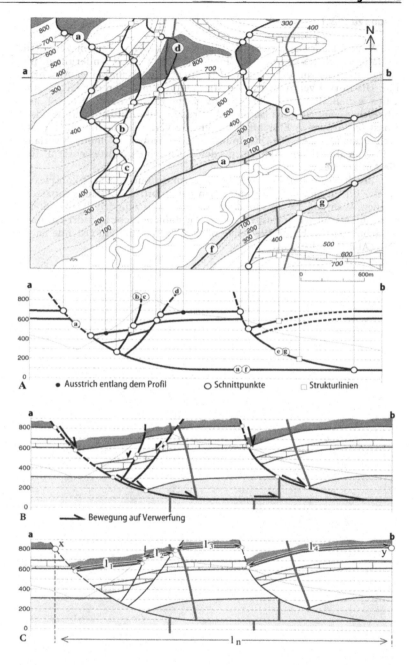

A   • Ausstrich entlang dem Profil   ○ Schnittpunkte   □ Strukturlinien

B   → Bewegung auf Verwerfung

Lösung zu 10.3.1

Die V-Form der Ausstriche in Tälern und auf Bergrücken zeigt ein Einfallen nach NNW und SSE (Pfeile in Abb. 1), und Änderungen im Einfallen weisen auf die Anwesenheit einer Synform und einer Antiform hin. Die kurvig verlaufenden Ausstriche auf den Seiten der Hügel und Täler geben die Lage der Faltenscharniere (schwarze Kreise) an. Abgesehen vom Nordteil lassen sich gerade Strukturlinien nicht mit den Ausstrichformen in Einklang bringen, sie verlaufen leicht gekrümmt, nicht eckig (Abb. A). Die Datenpunkte passen jedoch zu elliptisch verlaufenden Strukturlinien (Abb. B), aus denen sich eine „Walrückenform" für die Antiklinale ergibt.

Beachten Sie, daß N-S-streichende Strukturlinien ein sehr komplexes Muster bilden und nicht mit der Form der Ausstriche zusammenpassen würden. Während die Synklinale im wesentlichen zylindrisch ist und ein horizontales Scharnier besitzt, ist die Antiklinale nicht zylindrisch, und ihr Scharnier taucht am Westende nach WSW ab und am Ostende nach ENE (Abb. C und E).

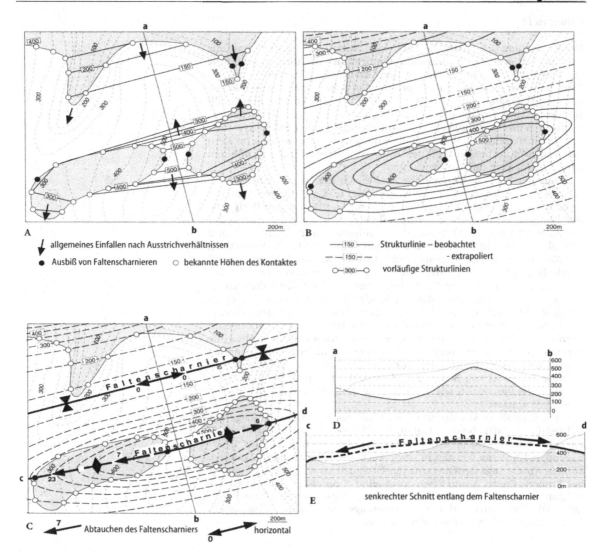

A

↓ allgemeines Einfallen nach Ausstrichverhältnissen

● Ausbiß von Faltenscharnieren   ○ bekannte Höhen des Kontaktes

B

— 150 — Strukturlinie – beobachtet
– – 150 – – - extrapoliert
○–300–○ vorläufige Strukturlinien

C

← 7 Abtauchen des Faltenscharniers   ←→ horizontal
0

D

E   senkrechter Schnitt entlang dem Faltenscharnier

Lösung zu 11.2.1

Die Krümmung der Ausstriche auf beiden Seiten des Tales weist auf die Anwesenheit eines Faltenpaares aus Synform und Antiform hin, und die fast spiegelbildliche Entsprechung der Ausstriche auf beiden Seiten des Tales läßt vermuten, daß die entsprechenden Scharniere im wesentlichen horizontal verlaufen und NE-SW streichen. Der gemeinsame Flügel fällt steil nach Osten ein, die langen Faltenschenkel hingegen mit flachen bis mäßigen Winkeln nach Westen. Damit sind die beiden Falten asymmetrisch. Mit steigender Höhe lautet die Abfolge a-b-c-d-e, wobei a im Kern der Antiform im tiefsten Teil des Tales auftritt, während e in höheren Bereichen im Kern der Synform auftritt.

Aus der Form der Ausstriche im Bereich der Faltenumbiegungen ergibt sich, daß diese stellenweise gerundet und an anderen Punkten mehr eckig sind (Abb. A). Die Faltenschenkel verlaufen geradlinig. Die Ableitung der Strukturlinien der Kontakte (in Abb. B werden nur die für die Basis von b gezeigt) bestätigt die obigen Schlußfolgerungen und ermöglicht uns, einen Schnitt zu zeichnen (Abb. C). Die Stellen entlang den Kontakten, für die Strukturlinien lokalisiert werden können, werden durch dickere Linien dargestellt, und es ist wichtig zu beachten, daß die Mächtigkeit (t) der beiden Sandsteinformationen auf den Faltenschenkeln konstant ist. Die Oberseiten der Sandsteinformationen zeigen einen gerundeten Verlauf im Kern der Antiform und einen eckigen im Kern der Synform. Im Gegensatz dazu sind die Unterseiten dieser Formationen im Kern der Antiform eckig und im Kern der Synform gerundet. Mit Hilfe dieser Beobachtungen können wir zu einer verhältnismäßig genauen Beurteilung der Geometrie der Faltenprofile kommen. Die Ermittlung genauer Profile ist von Bedeutung, da sich die Kenntnis der Faltengeometrie darauf auswirkt, wie wir die Lage der ölführenden Sandsteine berechnen können.

Die sorgfältige Konstruktion des Schnittes liefert uns die Lage der Achsenflächen der beiden Falten, die in der Tiefe die ölführende Formation beeinflussen müssen. Da wir die Mächtigkeit des überlagernden Tonsteins von 220 m sowie auch die Faltengeometrie kennen, können wir die Lage der Oberseite des Ölsandsteins wie in Abb. C gezeigt bestimmen. Damit können wir auch eine Empfehlung zur Lage der Bohrungen aussprechen, sie sollten auf dem Sattel der Antiform liegen (Abb. D). Dabei ist Position A zu bevorzugen, da das den Ölsandstein überlagernde Gestein hier am dünnsten ist.

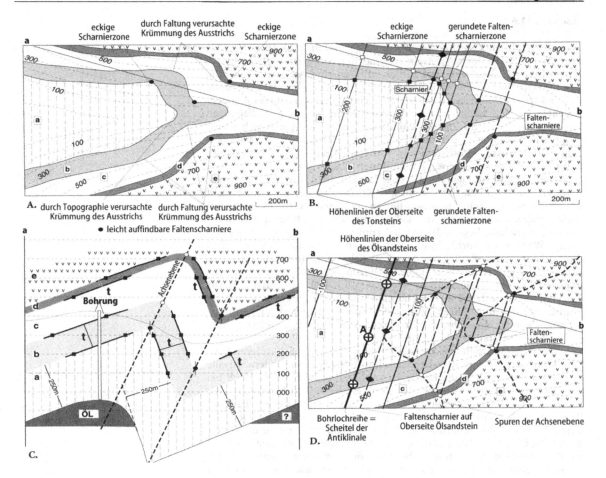

A. durch Topographie verursachte durch Faltung verursachte
Krümmung des Ausstrichs Krümmung des Ausstrichs

● leicht auffindbare Faltenscharniere

B.

Höhenlinien der Oberseite gerundete Falten-
des Tonsteins scharnierzone

C.

D. Bohrlochreihe = Faltenscharnier auf Spuren der Achsenebene
Scheitel der Oberseite Ölsandstein
Antiklinale

Lösung zu 11.6.1

Die durch die entsprechenden Symbole gezeigten Schwankungen im Einfallen und das Vorhandensein gewundener Ausstriche, die nicht auf topographische Gegebenheiten zurückzuführen sind, weisen darauf hin, daß die Gesteine verfaltet sind. Das einheitliche Streichen zeigt außerdem, daß es sich um zylindrische Falten mit horizontalen Scharnieren handelt. Beachten Sie, daß die Streichrichtung der Gesteine auch durch diejenigen Linien angegeben wird, die die Punkte verbinden, an denen sich stratigraphische Kontakte — zwischen Vulkaniten und Tonstein, Tonstein und Schluffstein sowie Schluffstein und Konglomerat — auf Meeresniveau befinden wie durch die schwarzen Punkte in Abb. A gezeigt.

Die vermutliche Lage der Faltenscharniere wird durch weiße Kreise markiert, an ihnen läßt sich die abrupte Krümmung der Ausstriche nicht durch topographische Besonderheiten erklären. Daß es sich um Faltenscharniere handelt, wird dadurch bestätigt, daß sie auf geraden Linien (gestrichelt) liegen, die parallel zum Streichen der Schichten verlaufen. Wenn wir berücksichtigen, daß die Ausstriche der Achsenflächen durch die Punkte verlaufen, an denen die Scharniere auftauchen, daß sie Bereiche mit unterschiedlichem, die jeweiligen Faltenschenkel kennzeichnendem Einfallen voneinander trennen und daß sie außerdem ihr Streichen entsprechend ihrem Einfallen und der Topographie ändern, können wir den ungefähren Verlauf der Achsenflächen als dicke unterbrochene Linien einzeichnen. Wir erkennen zwei flach geneigte Falten, die beide nach Osten überkippt sind.

Da es sich um zylindrische Falten mit horizontalen Scharnieren handelt, können wir ein entsprechendes Schnittbild zeichnen, indem wir alle Daten auf die Schnittlinie projizieren (Abb. B). Beachten Sie jedoch bei diesem Schnitt, daß wir nur bei den Punkten die Höhen kennen, für die wir über Meßwerte verfügen (Kreise mit Einfallsrichtungen) bzw. an denen Kontakte auf Meereshöhe liegen (kleine schwarze Kreise). Die Höhenlage der Faltenscharniere kennen wir nicht, hingegen ihre Position in der Profillinie, die als gestrichelte Linie mit offenen Kreisen markiert ist. Das endgültige Schnittbild (Abb. C) basiert auf der Extrapolation der Lage von Kontakten ausgehend von Punkten, an denen wir über gute Informationen verfügen (dicke Linien), und auf unserer Kenntnis der Lage der Faltenscharniere entlang der Schnittlinie (weiße Kreise mit unterbrochenen Linien). Da der Schnitt im rechten Winkel zu den Faltenscharnieren verläuft, handelt es sich bei den gefundenen Mächtigkeiten um die wahren Mächtigkeiten, und wir erkennen, daß die Mächtigkeit der Formationen im Kern der Falten zunimmt.

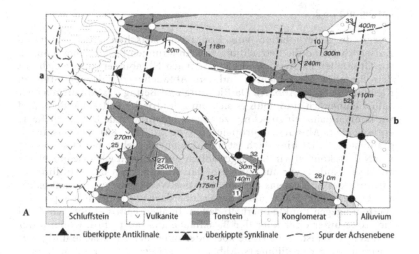

A   ▨ Schluffstein   ∨ Vulkanite   ▨ Tonstein   ◦ Konglomerat   □ Alluvium

– –▲– – überkippte Antiklinale   –◤–◥– überkippte Synklinale   – –– – Spur der Achsenebene

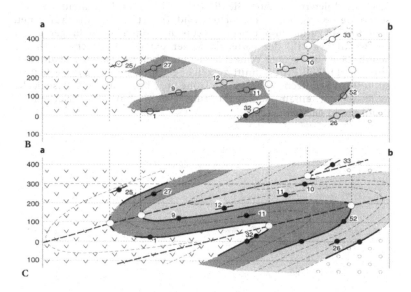

Lösung zu 11.6.2

Durch die Interpolation von Kontakten zwischen entsprechenden Aufsstrichen und die Betrachtung von Änderungen im Streichen können wir Großfalten nachweisen, die mit 11° nach NE abtauchen, wie sich aus dem Einfallen der Schichten und dem Abtauchen der dazugehörenden Kleinfalten ergibt (Abb. A). Da Richtung und Betrag des Abtauchens der Falten einheitlich sind, muß es sich um zylindrische Falten handeln, und wir können daher einen Schnitt zeichnen, indem wir alle Daten der Karte entlang dem Abtauchen projizieren (wie in Abb. 88). Da das topographische Relief hier flach ist und das ebene Gebiet bei etwa 400 m ü. NN liegt, können wir die ausgewählten Punkte (weiße Kreise in Abb. B) eintragen, indem wir auf der Karte den Abstand von der Profillinie in Richtung des Abtauchens messen. Negative Werte bezeichnen Punkte, die auf der gewählten Fläche unter der Erdoberfläche (400 m) liegen, positive Werte hingegen Punkte oberhalb davon. In allen Fällen ergibt sich dabei die Höhe unter oder über der Basisfläche aus $\tan p = h/d$, wobei p der Abtauchwinkel ist, h die Höhe über oder unter der Basisfläche und d der Abstand von der Profillinie (s. Abb. 88). Die eingetragenen Daten definieren die Falten wie in Abb. C gezeigt, während Abb. D das komplette Schnittbild liefert. Beachten Sie die Unterschiede in der Faltenform zwischen der Karte und dem Schnittbild (s. Abb. 79), die auf einen Schnitteffekt zurückzuführen sind. Keine der beiden Darstellungen liefert ein wirkliches Bild der Falte, da weder die Erdoberfläche noch die Schnittfläche im rechten Winkel zum Abtauchen der Falten verläuft. Um einen wirklichen Profilschnitt zu zeichnen, müßten wir das Verhältnis $\sin p = H'/d$ benutzen, wobei H' die Höhe über bzw. unter der Basisfläche gemessen in einem senkrecht zum Faltenscharnier verlaufenden Profilschnitt darstellt.

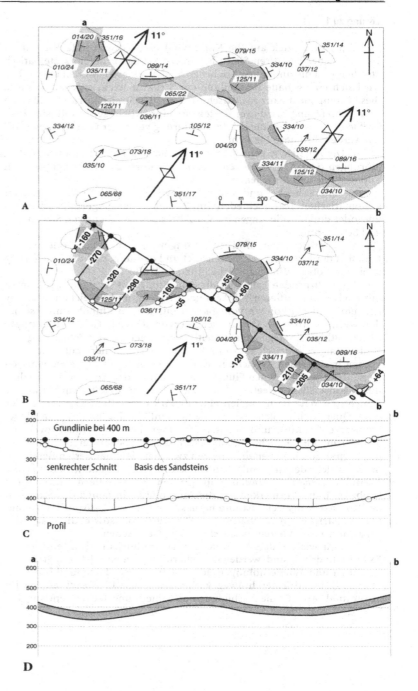

A

B

a

b

Grundlinie bei 400 m

senkrechter Schnitt   Basis des Sandsteins

Profil

C

D

Lösung zu 12.4.1

Ein erster Blick auf die Karte zeigt eine verwirrende Vielfalt an Daten — aber bewahren Sie Ruhe! Sofern Sie das Problem systematisch angehen und die unten beschriebenen analytischen Methoden anwenden, wird sich eine genaue Beurteilung der Struktur leicht ergeben. Obwohl diese Übung nicht ganz realistisch ist, denn das Streichen von Schichtung und Schieferung wird nur selten so einheitlich sein, soll sie doch Probleme illustrieren, die bei der Kartierung gefalteter Gesteine angetroffen werden. Erinnern Sie sich:

1. Die Ausstriche geneigter geologischer Flächen, seien es Kontakte, Störungen oder Achsenflächen, verlaufen V-förmig in Abhängigkeit von Topographie und Einfallen.

2. Faltenschenkel und Scharnierzonen lassen sich üblicherweise an systematischen Unterschieden im Einfallen der Lagerung erkennen und/oder durch Änderungen im Verhältnis des Einfallens von Schichtung und Schieferung.

3. Scharnierzonen sind durch ungewöhnlich flaches oder steiles Einfallen der Lagerung gekennzeichnet und dadurch, daß die Schieferung in einem großen Winkel zur Schichtung verläuft.

Im vorliegenden Falle fällt die Schichtung mit wenigen Ausnahmen mit flachen bis mittleren Winkeln nach NE ein, und Bereiche mit relativ flachem Einfallen können von solchen mit steilem Einfallen unterschieden werden (Abb. A). Daraus geht hervor, daß das Gebiet überkippte Falten enthält, die wegen des einheitlichen Streichens von Schichtung und Schieferung zylindrisch sind und horizontale Scharniere aufweisen. Die grauen bzw. weißen Bereiche in Abb. A stellen somit den angenäherten Verlauf der verschiedenen Flügel von Großfalten dar. Dies wird zusätzlich durch Aufschlüsse belegt, in denen die Schieferung steiler einfällt als die Schichtung, d.h. die normalen Flügel (stark umrandete Kreise mit oder ohne Querstrich), solche wo sie flacher einfällt, die überkippten Flügel (schwarze Punkte), und solche, die einen großen Winkel zwischen Schieferung und Schichtung aufweisen, d.h. die Scharnierzonen (Kreise mit Kreuz). Somit stellen die Grenzen zwischen den markierten Bereichen die Ausstriche der Achsenflächen von Großfalten dar, und wir können die Kontakte zwischen grauen und grünen Tonschiefern einzeichnen (Abb. B). Dabei vermerken wir die Aufschlüsse, in denen das Streichen des Kontaktes angezeigt ist und berücksichtigen den V-förmigen Verlauf der Ausstriche im Verhältnis zu Topographie sowie die Lage der Scharnierzonen, d.h. die Ausstriche der Achsenflächen.

Da wir wissen, daß die Faltenscharniere horizontal liegen und die Falten zylindrisch sind, werden die Scharnierlinien parallel zum Streichen verlaufen und Wiederholungen der Ausstriche der Faltenumbiegungen über Hügel und Täler hinweg verbinden (Abb. B). Beachten Sie im Schnittbild (Abb. C) die Ausbildung von Schieferungsfächern entlang den Falten.

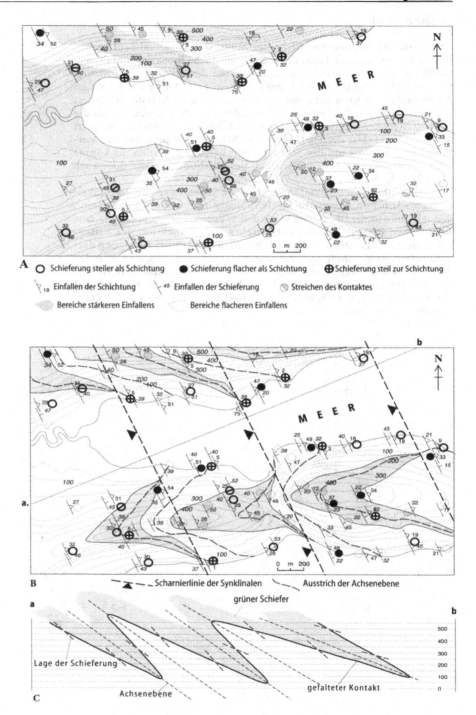

A

○ Schieferung steiler als Schichtung   ● Schieferung flacher als Schichtung   ⊕ Schieferung steil zur Schichtung

⊬₁₉ Einfallen der Schichtung   ⊬⁴⁵ Einfallen der Schieferung   ◌ Streichen des Kontaktes

◌ Bereiche stärkeren Einfallens   Bereiche flacheren Einfallens

B   ◄ ― ― Scharnierlinie der Synklinalen   ⌇ Ausstrich der Achsenebene

grüner Schiefer

C

Lage der Schieferung   Achsenebene   gefalteter Kontakt

Lösung zu 13.1.1

Die Verschiebung der Ausstriche der Flügel der Synklinale auf beiden Seiten der Verwerfung deutet an, daß der nördliche Block gegenüber dem südlichen abgesenkt wurde, da die Ausstriche der hellgrauen Formation im nördlichen Block auf den Faltenschenkeln auftreten, während sie im Süden näher am Kern der Falte liegen — die Ausstrichbreite (**w**) ändert sich. Es scheint außerdem ein horizontaler Versatz vorzuliegen, da die Faltenscharniere auf dem südlichen Block leicht nach Westen versetzt sind (Abb. A). Mit diesen Hinweisen alleine kann die wirkliche Verschiebungsrichtung auf der Störung nicht bestimmt werden. Es könnte sich um horizontale oder um schräge Verschiebung handeln oder auch nicht.

Ein einheitliches Faltenscharnier, das der Basis der oberen dunkelgrauen Formation, liegt nördlich der Störung auf 500 m, südlich davon jedoch auf 650 m. Die Bewegung auf der Verwerfung muß somit eine senkrechte Komponente enthalten haben. Die Projektion des Faltenscharniers auf die Störungsfläche (Abb. B) zeigt, daß die Bewegung darauf, sofern sie einsinnig war, entlang der Einfallsrichtung stattgefunden hat. Es handelt sich somit um eine Abschiebung ohne horizontale Verschiebungskomponente, obwohl ein horizontaler Versatz ausgebildet ist. Letzterer ergibt sich, da die Störungsfläche schräg zu den Faltenscharnieren streicht.

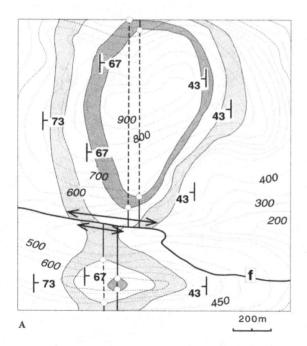

A

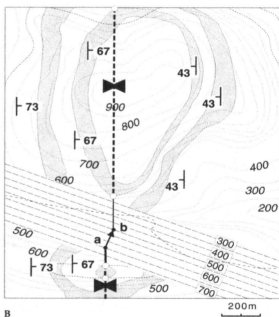

B

Lösung zu 13.2.1

Durch die Untersuchung des Versatzes von Ausstrichen entlang den Verwerfungen (Abb. A) ist es nicht möglich, die Verschiebungsrichtung auf den entsprechenden Flächen zu bestimmen. Die Versetzungsbeträge sind nicht einheitlich, und wir benötigen somit zusätzliche Daten. Die Überprüfung der Verhältnisse zwischen Ausstrichformen und Topographie zeigt generelle Einfallsrichtungen (Pfeilspitzen in Abb. B) und die Anwesenheit von Faltenscharnieren (Kreise). Die beiden Verwerfungen müssen senkrecht stehen, da ihr Verlauf sich nicht mit der Topographie ändert.

In Block **a** von Abb. C sind drei Falten entwickelt, in Block **b** und **c** hingegen jeweils vier. Die Faltenfolge Antiform/Synform usw. und der horizontale Abstand ihrer Achsen läßt vermuten, daß die Falten der einzelnen Verwerfungsblöcke miteinander korreliert werden können, so daß es sich z. B. bei Falte 1 in allen drei Blöcken um dieselbe Falte handelt. Dies wird durch N-S-Schnitte innerhalb einer jeden Verwerfungsscholle bestätigt (Abb. E). Die Scharniere liegen horizontal, so daß ihre Höhenlagen leicht miteinander verglichen werden können, um damit die Verschiebung auf den Störungen zu beurteilen. Beobachten Sie, daß für Falte 1 das Scharnier am Schluffstein-Tonstein-Kontakt in Block **a** auf 375 m liegt, in Block **b** und **c** hingegen auf 425 m (Abb. D). Die Verschiebung auf Verwerfung 1 beinhaltet eine horizontale Komponente und ein Absinken um 50 m auf ihrem Westflügel — es scheint sich um eine schräge Abschiebung zu handeln. Verwerfung 2 zeigt keine senkrechte Bewegung, das Faltenscharnier wurde nur horizontal versetzt, und es scheint sich um eine Blattverschiebung zu handeln. Indem wir die Verschiebung der anderen Faltenscharniere überprüfen, können wir diese Schlußfolgerungen bestätigen und zeigen, daß entlang den Störungen keine Änderungen in der Verschiebung auftreten und die Verschiebung somit keine Rotationskomponenten enthält. Die Verschiebung auf den Störungen ist im zusammengesetzten N-S-Profil dargestellt (Abb. E).

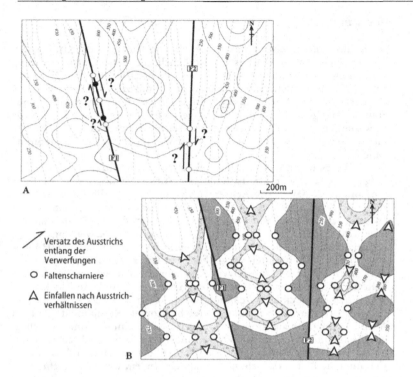

Versatz des Ausstrichs entlang der Verwerfungen

○ Faltenscharniere

△ Einfallen nach Ausstrich-verhältnissen

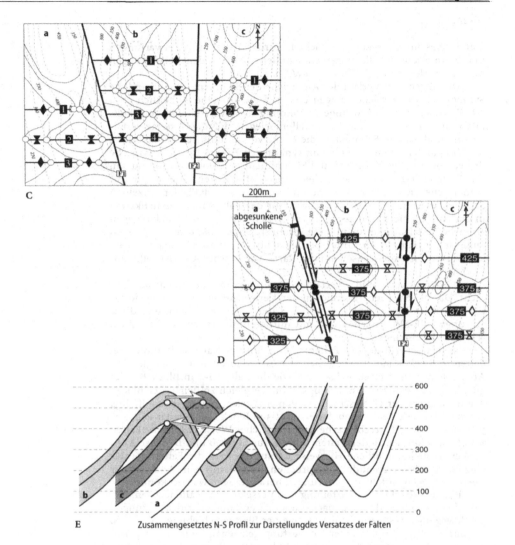

C

| 200m |

D

E   Zusammengesetztes N-S Profil zur Darstellungdes Versatzes der Falten

Lösung zu 13.2.2

Um die Beschreibung zu vereinfachen, wurden Falten und Verwerfungen durchnumeriert und die einzelnen Schollen zwischen den Verwerfungen mit den Buchstaben A-E bezeichnet (Abb. A).

Der allgemeine Verlauf der Ausstriche der Sedimentgesteine und die Symbole für das Streichen zeigen uns, daß die Gesteine einheitlich etwa NNW streichen. Die V-förmige Ausbildung der Ausstriche in den Flußtälern und die Symbole für das Einfallen belegen, daß die Gesteine verfaltet sind und daß der Schluffstein die Kerne von antiklinalen Falten bildet, das Konglomerat hingegen die von synklinalen Falten. Da die Ausstriche der Faltenkerne nach Norden und Süden nicht geschlossen sind, müssen die Faltenachsen im wesentlichen horizontal liegen. Die insgesamt einheitliche Breite der Ausstriche im Streichen innerhalb der einzelnen Schollen weist auf eine zylindrische Natur der Falten hin. Ähnlichkeiten in der Ausstrichform auf gegenüberliegenden Seiten der Flußtäler zeigen ähnliche Einfallswinkel an, und die Falten stehen somit aufrecht und sind außerdem symmetrisch. Unter Berücksichtigung dieser Beobachtungen können wir die Faltenachsen auf der Karte, wie in Abb. A dargestellt, einzeichnen.

Die Störungen 1 und 4 verlaufen geradlinig und stehen damit senkrecht. Das NE-SW-Generalstreichen der Verwerfungen 2 und 3 sowie die V-Form ihres Verlaufes dort, wo sie Täler kreuzen, zeigen, daß diese Störungen NE-SW streichen und mit mittleren bis steilen Winkeln nach NW bzw. SE einfallen.

Nach Überprüfung des Faltenmusters auf der Karte weisen die drei Falten in Block A nahezu die gleichen Ausstrichbreiten und die gleichen Abstände zwischen ihren Achsen auf wie die Falten 2-4 in Block B. Dies gilt ebenfalls für die Falten in Block D im Vergleich zu denen der Blöcke A und B. Trotz der Unterschiede in den Ausstrichbreiten ist es auffällig, daß die Abstände der Achsen der Falten 1-3 in Block C denen der Falten 1-3 in Block B zu entsprechen scheinen. In gleicher Weise passen die Falten 3 und 4 aus Block E zu den Falten 3 und 4 aus Block B und D. Diese Ähnlichkeiten stellen deutliche Hinweise darauf dar, daß die Falten 2-4 der einzelnen Blöcke einander entsprechen und damit zur Analyse der Verschiebungen entlang den Störungen herangezogen werden können.

Eine oberflächliche Beurteilung des Versatzes der Faltenachsen entlang den Störungen deutet zunächst an, daß entlang jeder der Störungen die Bewegung linkslateral (sinistral) in einer Blattverschiebung ablief, d.h. die unmittelbar nördlich einer Verwerfung gelegenen Teile sich gegenüber den südlich davon gelegenen nach links bewegt haben. Allerdings war in Kapiteln 8 und 13 dieses Handbuches betont worden, daß üblicherweise für eine detaillierte Analyse die ursprünglichen Verschiebungsrichtungen bestimmt werden müssen.

Die Ähnlichkeiten in den Ausstrichbreiten der Faltenkerne 2-4 zwischen den Blöcken A, B und D wurden bereits erwähnt. Diese Situation ähnelt somit der in Abb. 103 D-F dargestellten und bedingt, daß die Bewegung zwischen diesen Blöcken im wesentlichen horizontal, d. h. entlang einer Blattverschiebung ablief. Im Gegensatz dazu weisen Schwankungen bei den Ausstrichbreiten zwischen den Blöcken A und C, C und D, D und E sowie E und B auf senkrechte Bewegungskomponenten hin (s. Abb. 103 A-C). Westlich von Störung 2 nimmt die Breite des synklinalen Faltenkernes (Falte 2) zu, während die Antiklinale (Falte 3) breiter wird. Somit muß bei Störung 2 die abgesunkene Scholle auf der Westseite liegen. Die gleiche Analyse liefert bei Störung 3 den Befund, daß die abgesunkene Scholle im Osten liegt. In beiden Fällen fand die

Absenkung somit in Richtung des Einfallens der Störungen statt, wobei es sich jedoch um eine normale Abschiebung oder um eine mit schrägem Versatz handeln kann.

In Abb. B wird die horizontale Verschiebung entlang den Verwerfungen 1 und 4 zwischen den Blöcken A und D bzw. D und B durch die Pfeile markiert, die die Achsen der Falte 4 bei Verwerfung 1 und der Falte 2 bei Verwerfung 4 verbinden. Sie beträgt in beiden Fällen etwa 2000 m. Da die Ähnlichkeiten in der Breite der Faltenkerne zwischen den Blöcken A, D und B senkrechte Versetzungskomponenten ausschließen, muß es sich bei den betroffenen Störungen um Blattverschiebungen handeln. Die horizontale Verschiebung der Falten 2 und 3 entlang der Verwerfung 1 zwischen Block A und C liegt jedoch mit 1500 m darunter. Derselbe Verschiebungsbetrag ergibt sich auch zwischen Block B und D für die Falten 3 und 4 entlang Störung 4. Diese Unterschiede sind auf die Auswirkungen der Störungen 2 und 3 zurückzuführen.

Da bei Störung 2 die abgesunkene Scholle auf der Westseite liegt, d.h. in Richtung des Einfallens, muß es sich um einen Dehnungseffekt handeln, und die entsprechende Verschiebungsrichtung muß im großen und ganzen die gleiche sein wie die für Störung 1. Die Blöcke C und A haben sich nach WSW bewegt, aber der Versatz von C ist auf Verschiebung auf beiden Störungen zurückzuführen, während sich Block A nur entlang von Störung 1 bewegt hat. Die gleichen Überlegungen gelten auch für die Störungen 3 und 4, obwohl die Bewegungen hier gegensinnig abliefen.

Aus dieser Analyse ergibt sich, daß entlang von Störung 1 die Verschiebung zwischen den Blöcken A und D im wesentlichen horizontal ablief, während sie zwischen den Blöcken A und C bzw. A und E horizontale und vertikale Komponenten umfaßte. Dies gilt auch für Störung 4 (Abb. B).

Da die Verwerfungen 2 und 3 nicht die Blöcke A und B betreffen, da sie weder die Störungen 1 und 4 schneiden noch von diesen versetzt werden, müssen sie zeitgleich mit den Bewegungen auf den Störungen 1 und 4 entstanden sein. Sie führten zu Dehnung und Absenkung in der Blattverschiebungszone zwischen den Störungen 1 und 4 (s. Abb. 58 und 59). Die Verschiebungen auf den Störungen 2 und 3 verliefen daher wahrscheinlich schräg und in Richtung des Streichens der bestimmenden großen Blattverschiebungen (Pfeile in Abb. B). Das Defizit von 500 m horizontaler Verschiebung zwischen den Blöcken A und C bzw. E und B wird von der schrägen Verschiebung auf den Störungen 2 und 3 ausgeglichen. Die Situation ähnelt somit der in Abb. 58 dargestellten.

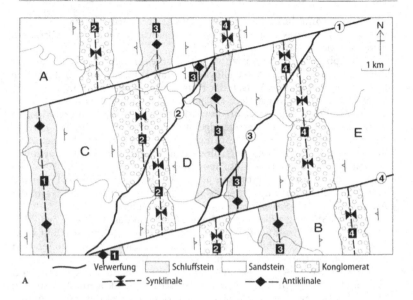

A

Verwerfung — Schluffstein — Sandstein — Konglomerat
— Synklinale — Antiklinale

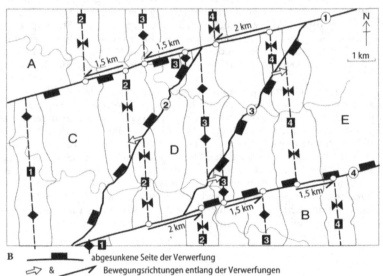

B — abgesunkene Seite der Verwerfung
⇨ & ⟋ Bewegungsrichtungen entlang der Verwerfungen

Lösung zu 14.1

Das Verhältnis zwischen Ausstrichformen und Topographie und die Wiederholung der Sedimentformationen weisen darauf hin, daß flach einfallende Störungen für die Wiederholung der stratigraphischen Folge verantwortlich sind. Beachten Sie insbesondere, wie das Konglomerat in den von den Störungen begrenzten Gesteinspaketen wiederholt auftritt. Es ist außerdem erkennbar, daß die Ausstrichmuster auf beiden Seiten des Hauptales einander entsprechen und damit anzeigen, daß die Strukturen NW-SE streichen. Während viele der Störungen einander kappen oder zusammenlaufen, können wir an einigen Stellen drei Hauptverwerfungen ausmachen, die in Abb. A mit **a, b** und **c** gekennzeichnet sind. Das Verhältnis von Ausstrichform zur Topographie sagt uns, daß Störung **a** im Westen und Osten des Gebietes flach liegt, jedoch von 350 m im Westen auf 150 m im Osten abfällt. Die Absenkung findet im mittleren Teil der Karte statt und geht mit einer allmählichen Änderung der Lagerung einher: Es handelt sich somit um eine listrische Verwerfung (s. Kapitel 9). Im Westteil fallen die Störungen **b** und **c** nach Westen ein, im Ostteil jedoch nach Osten. Nach den topographischen Höhen zu urteilen, liegt Störung **c** über **b**, die wiederum über **a** liegt. Störung **c** scheint sich im Westen mit den Störungen **a** und **b** zu vereinigen, während **b** und **c** im Osten mit **a** zusammenlaufen (Abb. A).

Aus den in Abb. A eingezeichneten Strukturlinien für Störung **c** ergibt sich ein einheitliches Streichen bei schwankendem Einfallen. Die Störungsfläche ist gekrümmt, und das Scharnier einer ausgeprägten Aufwölbung streicht NW-SE durch das Gebiet (Abb. A). Wenn wir die Strukturlinien der anderen Verwerfungen eintragen, ergibt sich für diese ebenfalls ein gekrümmter Verlauf.

Bei der Berücksichtigung von Ausstrichform und Topographie für die nicht versetzten Kontakte zwischen den einzelnen Sedimentformationen zeigt sich, daß auch diese gefaltet sind, wie z.B. für die Oberseite des Konglomerates in Abb. B eingetragen. Beachten Sie, daß die Antiklinale im Osten des Gebietes sich zwar über das Haupttal hinweg fortsetzt, jedoch die Gesteine unter Verwerfung **c** davon nicht betroffen sind. Die anderen Falten werden in ähnlicher Weise nach unten hin durch Verwerfungen abgeschnitten. Aus der vollständigen Analyse der Lagerung der Störungen und der Formationsgrenzen ergibt sich eine gewisse Anzahl von Falten. Wenn wir deren Achsenflächenspuren eintragen (Abb. C), so erkennen wir deutlicher, daß einige der Falten von Störungen gekappt werden, während sie andere Störungen mitverfalten.

Beachten Sie, daß die Störungen in einigen Kartenbereichen parallel zu den Formationsgrenzen verlaufen, während sie in anderen die stratigraphische Abfolge quer durchschneiden. An einigen Stellen liegen Störungen oberhalb der Störungsfläche (in deren Hangendem) parallel zu den Schichten, während sie darunter (im Liegenden) diskordant zur Schichtung verlaufen. An anderen Stellen ist die Situation genau umgekehrt. In allen diesen Fällen schneiden die Störungen jedoch nach Westen hin in stratigraphisch immer höhere Bereiche. Mit Ausnahme von Teilen der Störungen **a** und **c** bringen die Störungen stets stratigraphisch ältere Gesteine über jüngere, und es scheint sich bei ihnen somit um Überschiebungen zu handeln. Nach ihrer Form und der jeweiligen Relation zur Stratigraphie liegen Rampen dort vor, wo sie quer zur Stratigraphie verlaufen, und Sohlflächen dort, wo sie zu dieser konkordant verlaufen (s. Kapitel 9).

Wenn wir die Strukturlinien zur Feststellung der Struktur zeichnen wollen, benutzen wir die obigen Informationen zusammen mit den

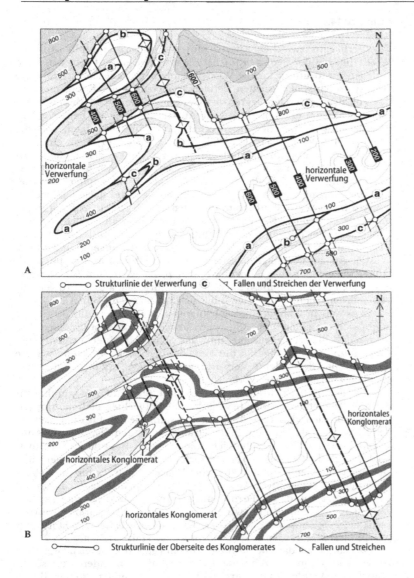

A

○—○ Strukturlinie der Verwerfung c ⤝ Fallen und Streichen der Verwerfung

B

○—○ Strukturlinie der Oberseite des Konglomerates ⤝ Fallen und Streichen

Projektionen der Schnittlinien zwischen Störungen und Formationsgrenzen (Abb. D). Einige dieser Daten werden beispielhaft in Abb. E dargestellt, in der die Lage der Störungen und der Formationsgrenzen durch
die Lage der Strukturlinien und der projizierten Schnittlinien bestimmt
wird. Im Schnittbild erkennen wir eine Verbindung zwischen der Lage
der Falten und der Liegendrampen dergestalt, daß die Falten stets gegen
das Einfallen der Rampen westlich von diesen angeordnet sind (Abb. F).
Es handelt sich bei den Falten um die in Kapitel 9 erwähnten „Roll-over-
Antiklinalen".

Wenn wir annehmen, daß der Versatz auf den Verwerfungen rechtwinklig zu deren Streichen erfolgte, d.h. gegen die Einfallsrichtung der

Rampen, so können wir aus dem etwa rechtwinklig zum Streichen verlaufenden Profil den ursprünglichen Verschiebungsbetrag errechnen. Wie in Abb. G gezeigt, wurde die Basis des Konglomerates entlang den Störungen von **a'** nach **a"** versetzt, von **b'** nach **b"** und von **c'** nach **c"**. Diese Entfernungen können wir entlang der Verwerfungen in Abb. G abmessen, woraus sich ergibt, daß entlang der Verwerfung **a** 575 m Verschiebung erfolgte, entlang von **b** 1250 m und entlang von **c** 725 m. Bedenken Sie hierbei jedoch, daß wir bei diesen Berechnungen über keine direkten Beweise für Verschiebung parallel zum Einfallen verfügen, da keine versetzten Markierungspunkte vorliegen, mit deren Hilfe wir eine solche Aussage stützen könnten.

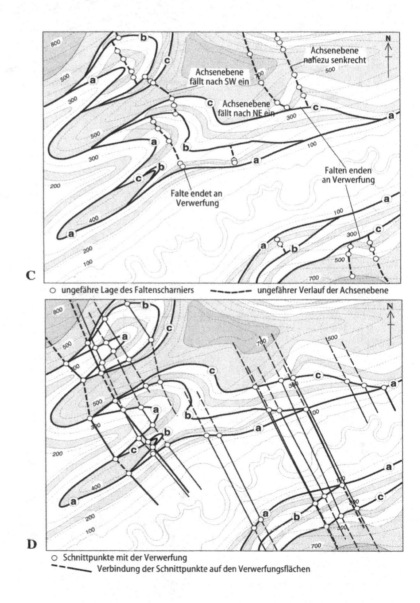

C

○ ungefähre Lage des Faltenscharniers ———— ungefährer Verlauf der Achsenebene

D

○ Schnittpunkte mit der Verwerfung
--- —— Verbindung der Schnittpunkte auf den Verwerfungsflächen

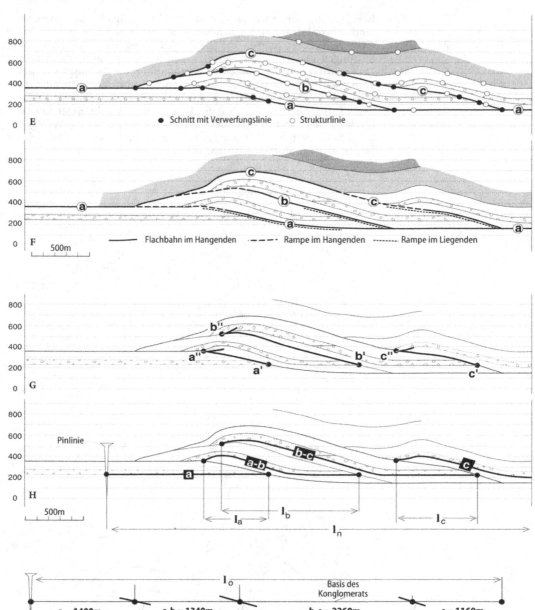

E   ● Schnitt mit Verwerfungslinie   ○ Strukturlinie

F   ⎯⎯ Flachbahn im Hangenden   --- Rampe im Hangenden   ⋯⋯ Rampe im Liegenden

500m

G

H   Pinlinie

500m

l_a l_b l_c l_n

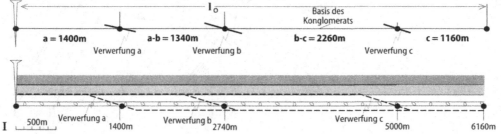

l_o Basis des Konglomerats

a = 1400m   a-b = 1340m   b-c = 2260m   c = 1160m

Verwerfung a   Verwerfung b   Verwerfung c

I   500m   Verwerfung a   Verwerfung b   Verwerfung c
1400m   2740m   5000m   6160m

Wenn wir nun aber eine solche Bewegung im Einfallen annehmen, so können wir in unserer Strukturanalyse noch einen Schritt weiter gehen. Aus der Karte entnehmen wir, daß die stratigraphische Abfolge im gesamten Kartenbereich die gleiche ist und daß höchstens geringfügige Schwankungen in den Mächtigkeiten der einzelnen Sedimentformationen entwickelt sind. Vor Einsetzen der Verschiebungen dürfte es sich somit um eine einfache, einheitliche geschichtete Abfolge gehandelt haben, die horizontal gelagert gewesen sein dürfte. Da wir aber die Verschiebungsbeträge an den einzelnen Störungen kennen und die einheitliche Entwicklung der Stratigraphie, können wir für das Schnittbild die ursprüngliche Situation vor der tektonischen Verformung rekonstruieren. Dazu wählen wir eine Pinlinie im nicht von Verwerfungen betroffenen Westteil (Abb. H). Von da ausgehend können wir die Schnittlängen entlang von ausgewählten Markierungshorizonten (hier des Konglomerates) abmessen, d.h. die Längen a, a-b und b-c (Abb. H). Zu diesem Zweck können wir einen an dem entsprechenden Kontakt ausgelegten Faden benutzen oder die Länge am Rand eines Papierstreifens markieren.

Da wir wissen, daß das Konglomerat ursprünglich horizontal lag, können diese Längen horizontal addiert werden, um damit den Einfluß der Faltung und der Störungsbewegungen zu eliminieren und die ursprüngliche Lagerung der drei Störungen zu bestimmen (Abb. I). Damit können wir auch die ursprünglichen Punkte auffinden, an denen die drei Störungen das Konglomerat durchschnitten. Aus Karte und Schnittbild können wir ersehen, daß 1. jede Störung in der stratigraphischen Abfolge nur bis hinunter zum untersten Schluffstein fortschreitet und nach oben nur bis zum Schluffstein-Sandstein-Kontakt und 2. die Störungen nach oben bzw. unten jeweils ineinanderlaufen, und wir können somit ihren Verlauf im rekonstruierten Schnitt darstellen (unterbrochene Linien in Abb. I).

Die ursprüngliche horizontale Erstreckung des Schnittes erhalten wir durch Addition der Schichtlängen a, a-b, b-c und c mit 6160 m (l_o in Abb. I). Die Überschiebungsbewegungen verringerten diese Entfernung auf 3650 m (l_n in Abb. H), woraus sich für die gesamte Einengung des Profils durch Faltung und Verwerfungen aus l_o-l_n entsprechend etwa 6160 m-3650 m=2510 m ergibt. Beachten Sie dabei, daß die Addition der Längen l_a, l_b und l_c (Abb. H) mit 2400 m nicht die wirkliche Verschiebung ergeben, da dabei die auf die Faltung zurückzuführende Einengungskomponente nicht berücksichtigt wird.

Übung 14.2

Die stratigraphische Erläuterung zeigt das relative Alter der im Kartenbereich auftretenden Formationen. Daraus und aus der Karte können wir ersehen, daß die Sandsteine a und b anscheinend konkordant aufeinander liegen, wobei Sandstein a auf den Bereich südwestlich von Störung 4 beschränkt zu sein scheint. Unterschiede im Fallen und/oder Streichen zeigen, daß Sandstein b im Norden diskordant auf dem Schluffstein liegen könnte und südwestlich von Verwerfung 4 in gleicher Weise auf Konglomerat und Tonstein (Abb. A). Zwischen den Verwerfungen 2 und 4 bzw. 3 und 4 scheinen Sandstein und Konglomerat konkordant aufeinander zu liegen. Im Gebiet ist eine laterale Fazieständerung von Schluffstein im Norden zu Konglomeraten im Süden ausgebildet. Obwohl es sich dabei um unterschiedliche Gesteinstypen handelt, zeigt uns das stratigraphische Säulendiagramm, daß sie doch altersgleich sind. Sie liegen diskordant auf dem Tonstein, der seinerseits diskordant auf dem Tonschiefer liegt (Abb. A). Das Konglomerat tritt nur südwestlich der Verwerfungen 2, 3 und 4 auf, der Schluffstein nur nordwestlich der Verwerfungen 2 und 3.

Die vulkanischen Gesteine kommen nur nordwestlich der Verwerfung 1 vor und, obwohl sie altersmäßig zwischen den Konglomerat-Schluffstein-Formationen und dem Tonstein liegen, fehlen sie südöstlich der Verwerfungen und erscheinen weder in Bohrungen noch in Oberflächenaufschlüssen. Sie wurden dort entweder vor Ablagerung der Konglomerate und Schluffsteine abgetragen oder nie abgelagert. Die Tonschiefer als älteste Gesteine bilden das Basement für die jüngeren Sedimentformationen und wurden vor Ablagerung der Tonsteine deformiert. Weder die vulkanischen Gesteine noch die jüngeren Sedimente sind geschiefert.

Störung 1 scheint wegen ihres von der Topographie unbeeinflußten geradlinigen Verlaufes senkrecht zu stehen. Der Ausstrich von Störung 2 ist dort, wo sie NW-SE streicht, in Tälern V-förmig ausgebildet, was auf

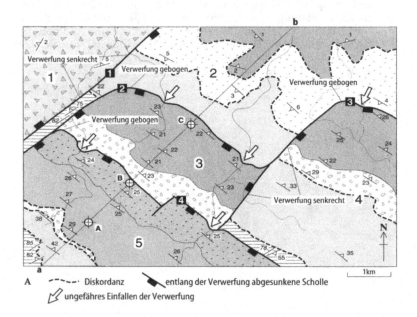

A - - - - - Diskordanz   ◤ entlang der Verwerfung abgesunkene Scholle
◤ ungefähres Einfallen der Verwerfung

Einfallen nach SW hinweist. In gleicher Weise scheinen die Störungen 3 und 4 in Bereichen mit NW-SE-Streichen nach SW einzufallen. Dort wo diese Störungen NE-SW streichen, scheinen sie senkrecht oder nahezu senkrecht zu stehen. Da die Änderung der Lagerungsverhältnisse nicht vom abrupten Wechsel in der Topographie oder von Schichtkappungen begleitet werden, müssen sie dreidimensional betrachtet schaufelförmig sein, und ihr Streichen dreht von NW-SE auf NE-SW.

Bei Störung 1 scheint die abgesunkene Scholle im nördlichen Teil auf der SE-Seite zu liegen, im SW jedoch auf der NW-Seite (Abb. A). Bei den Störungen 2, 3 und 4 liegen die abgesunkenen Schollen dort, wo sie NW-SE streichen, auf der SW-Seite, was eine Verschiebung im Einfallen andeutet, aber nicht beweist. Beachten Sie, daß außer in den Teilbereichen 3 und 4 die Verwerfungen 2, 3 und 4 miteinander zusammenhängen anstatt sich gegenseitig zu kreuzen. Beachten Sie außerdem, daß der Fazieswechsel von Schluffstein zu Konglomerat über die Störungen 2 und 3 hinweg stattfindet, was auf eine Verbindung zwischen Verwerfungsaktivitäten und Sedimentation hinweist.

Ausgehend von Stratigraphie, Fallen und Streichen und der Lage der Störungen können wir das Gebiet in fünf strukturelle bzw. stratigraphische Teilbereiche aufgliedern:

— Teilbereich 1 liegt nordwestlich von Störung 1 und besteht aus schwach einfallenden vulkanischen Aschen.
— Teilbereich 2 wird durch die Störungen 1, 2 und 3 begrenzt und besteht aus einem Basement aus Tonschiefern, die diskordant von schwach nach NE einfallenden Tonsteinen überlagert werden. Die diskordant über diesen liegenden Schluffsteine fallen leicht nach SW ein und werden ihrerseits vermutlich diskordant von nahezu horizontal liegenden Sandsteinen überlagert.
— Die Teilbereiche 3 und 4 sind einander ähnlich und werden von den Störungen 2, 3 und 4 begrenzt. Konglomerat und Sandstein scheinen den Tonstein konkordant zu überlagern und fallen einheitlich mit flachen bis mäßigen Winkeln nach NE ein. Beachten Sie jedoch, daß im Teilbereich 4 der Tonstein steiler einfällt und daß er diskordant die unter ihm liegenden Tonschiefer überlagert.
— Teilbereich 5 enthält die einzigen Ausstriche von Sandstein a, der konkordant unter Sandstein b zu liegen scheint. Das Einfallen der ungeschieferten Sedimentformationen nimmt von NE nach SW mit Abstand von Störung 4 zu. Das Basement ist auch hier aufgeschlossen, und beachten Sie, daß das Streichen von Schichtung und Schieferung im Tonschiefer ähnlich den Werten in den Teilbereichen 2 und 4 verläuft. Es haben sich bei Anlage der Verwerfungen keine dramatischen Rotationen der Gesteine in den einzelnen Teilbereichen ergeben.

Ausgehend von diesen Beobachtungen und unter Berücksichtigung der Erörterungen in Kapitel 9 scheint es, daß wir es, mit Ausnahme von Störung 1, mit einem System miteinander verknüpfter Störungen zu tun haben, die die Sedimentation beeinflußt haben könnten. Obwohl wir nicht über direkte Beweise für Verschiebungsrichtungen verfügen, weist das relativ zum Einfallen der Störungen einheitliche Absinken von Schollen auf Verwerfungen im Zuge von Dehnungsvorgängen hin. Während viele der Gesteinsfolgen aus ihrer ursprünglich horizontalen Lagerung heraus verkippt wurden, ist jedoch keine überkippt, abgesehen von Teilen der Tonschiefer. Eine Wiederholung von Schichtfolgen mit anderen Einfallswerten tritt ebenfalls nicht auf, und außer in den Tonschiefern finden sich keinerlei Hinweise auf umfangreiche Großfalten. Eine Wiederholung von Schichtfolgen im Zusammenhang mit den Störungen ist jedoch entwickelt.

Informationen aus den Bohrlöchern liefern uns wichtige Hinweise zum Verlauf der Strukturen unter der Erdoberfläche. Der obere Teil der Bohrung **A** bestätigt die Oberflächengeologie insofern, als auch mit zunehmender Tiefe die Kontakte des Konglomerates mit dem Sandstein bzw. dem Tonstein weiterhin nach NE einfallen. Der Tonstein liegt jedoch nicht diskordant auf den Tonschiefern, sondern entlang einem Störungskontakt, und innerhalb der Tonschiefer tritt eine weitere Störung auf (Abb. B). Da diese Störungen nach SW einfallen, muß eine von ihnen bei Verlängerung nach oben mit Störung 4 zusammenfallen. Da innerhalb von Teilbereich 5 keine Störungen an der Oberfläche auftauchen, müßte diese Aussage auf die oberste der beiden Störungen zutreffen (Abb. B). Vorsicht ist hier jedoch geboten, da es sich um eine kleine synthetische Störung handeln könnte, die sich von der unteren abspaltet, aber die Erdoberfläche nicht erreicht.

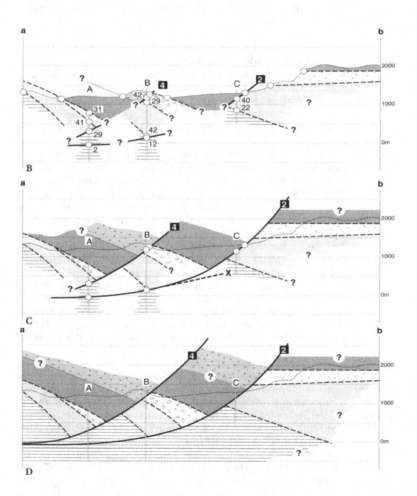

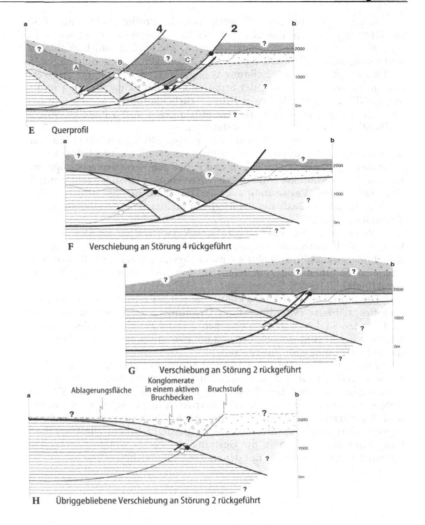

E   Querprofil

F   Verschiebung an Störung 4 rückgeführt

G   Verschiebung an Störung 2 rückgeführt

H   Übriggebliebene Verschiebung an Störung 2 rückgeführt

Die oberste Störung in Bohrung **B** muß wegen der Übereinstimmung in der Einfallsrichtung und der Nähe zu Störung 4 mit dieser übereinstimmen, und wir erkennen, daß Teilbereich 3 wie auch 2, 4 und 5 von einem Basement aus Tonschiefern unterlagert wird (Abb. B). Die untere Störung fällt leicht nach SW ein und kann daher wahrscheinlich entgegen dem Einfallen nach oben hin mit Störung 2 verbunden werden. Bei der Störung in Bohrung **C** handelt es sich eindeutig um Störung 2, die hier auf einer Zwischenposition zwischen ihrem Ausstrich an der Oberfläche und ihrer möglichen Lage in Bohrung **B** auftritt. Diese Verbindung mit Störung 2 erfordert für diese jedoch eine Änderung im Einfallswinkel von 40° an der Oberfläche oder nahe darunter auf 12° in der Tiefe und weist Störung 2 somit als listrische Störung aus. Sollte dies zutreffen, so folgt, daß die untere Störung in Bohrung **A** ebenfalls mit Störung 2 korreliert werden kann und damit eine Rampen-Sohlenflächen-Geometrie ausgebildet ist. Wir können diese Hypothesen mit Hilfe eines Profilschnittes überprüfen.

177

Abbildung B zeigt ein Anfangsstadium der Profilerstellung mit Hilfe der Oberflächendaten Einfallswerte und Bohrlochprofile. In Abb. C wird angenommen, daß die Störungen 2 und 4, wie nach ihrem Einfallen zu vermuten, in der Tiefe mit den beiden Störungen in den Bohrungen A und B zusammenlaufen. Abbildung D zeigt das fertige Profil und läßt vermuten, daß die Verkippung der Sedimente in den Teilbereichen 3 und 5 auf die Bildung von „Roll-over-Falten" zurückzuführen ist, die sich bei den Bewegungen auf den listrischen Störungen 2 und 4 bildeten, wobei Teilbereich 2 einen stabilen Block darstellt.

Wenn wir annehmen, daß die Verschiebung im Einfallen der Verwerfungen stattfand und wir das Profil so genau wie möglich gezeichnet haben, erkennen wir in Abb. E und F, daß die Versetzungsbeträge der verschiedenen Kontakte entlang von Verwerfung 4 einander sehr ähnlich sind. Entlang von Verwerfung 2 schwanken diese Beträge jedoch, wobei der Versatz an der Basis des Sandsteins a kleiner ist als an der Basis des Tonsteins (Abb. E).

Wenn wir die Verschiebung auf den Verwerfungen 2 und 4 (Abb. F-H) allmählich entfernen, so zeigt sich, daß während der Ablagerung des Konglomerates und des Schluffsteins Verwerfung 2 vermutlich aktiv war und eine Sedimentation vor allem in dem sich über der „Roll-over-Antiklinale" bildenden Becken stattfand (Abb. H).

Die Störungen 2, 3 und 4 können somit als ein untereinander verknüpftes, teilweise synsedimentäres Dehnungsstörungssystem interpretiert werden, in dem sich die Störungen 2 und 3 zur gleichen Zeit herausbildeten. Bei Störung 4 scheint es sich um eine etwas später angelegte synthetische Dehnungsstörung zu handeln.

Zur Natur der Störung 1 können wir wenig aussagen außer dem Hinweis, daß sie nicht direkt mit dem verknüpften Störungssystem in Zusammenhang steht. Das Fehlen der vulkanischen Aschen im SW des Gebietes zeigt entweder an, daß die Aschen in dieser Richtung auskeilen und der Bereich bei Ablagerung der Aschen die Grenze des Beckens repräsentiert, oder daß diese Störung eine beträchtliche Blattverschiebungskomponente enthält, die Gesteine aus einem völlig anderen Ablagerungsmilieu in Kontakt mit denen der Teilbereiche 2-5 brachte.

Lösung zu 14.3

In Abb. A ist aus dem Verhältnis zwischen Ausstrichformen und Topographie, den Einfallswerten und den Strukturlinien folgendes zu erkennen:

1. Das Konglomerat nimmt die topographisch höheren Bereiche ein und seine Basis liegt bei etwa 650 m horizontal. Da sich diese Höhe im Kartenausschnitt nicht ändert, wird das Konglomerat kaum durch die Verwerfungen beeinflußt, und bevor die Erosion das heutige Relief schuf, dürfte es sich über das gesamte Gebiet erstreckt haben. Das Konglomerat überlagert die senkrechten Gänge, die die Gneise und gefalteten Sedimente durchschlagen. Es scheint somit diskordant auf allen anderen Gesteinen und den diese deformierenden Strukturen zu liegen.

2. Die Gneise — metamorphe Gesteine, die einst in tieferen Teilen der Erdkruste lagen — liegen auf den Verwerfungen F3 und F4, die die gleiche Lagerung aufweisen. Wenn wir die entsprechenden Höhenlagen der Verwerfungen und ihre Strukturlinien betrachten, so zeigt sich, daß sie Teil einer einzigen mit 10° nach WSW einfallenden Verwerfung sind. Da die Gneise ursprünglich tief in der Erdkruste gelegen haben, müssen sie entlang der Verwerfung gehoben worden sein.

3. Störung F1 fällt mit etwa 67° nach Osten ein und versetzt, wie auch F2, die Gänge. F2 fällt allerdings mit etwa 76° nach Westen ein.

4. Verwerfungen und Gänge zerschneiden eine Sedimentgruppe, die von West nach Ost in eine asymmetrische Faltenfolge von Antiform-Synform-Antiform verfaltet wurde (Abb. B). Die Falten sind nicht zylindrisch, sondern bilden längliche Kuppeln und Tröge die nach Norden bzw. Süden abtauchen. Sie werden von den Gängen zerschnitten.

5. Die Antiklinale im Westen enthält einen Kern aus Sandstein, der von Tonstein überlagert wird, während der Kern der östlichen Antiklinale aus von Sandstein überlagertem Kalkstein besteht. In der zwischengeschalteten Synklinale liegt Tonstein auf Sandstein. Daraus können wir folgende senkrechte Abfolge für die Sedimente ableiten: unten Kalkstein — Mitte Sandstein — oben Tonstein, wobei es sich wahrscheinlich um eine stratigraphische Abfolge handelt. Die Gesteine selbst werden diskordant vom Konglomerat überlagert.

Somit wird eine ältere Einheit gefalteter Sedimente von senkrechten Gängen durchschlagen und von den steil einfallenden Störungen F1 und F2 verworfen. Eine jüngere, flach einfallende Störung F3-F4 verlagert Gneise auf diese gefaltete und verworfene Abfolge, und auf alle diese älteren Elemente folgt diskordant das Konglomerat.

Wir können nun die Versetzungsbeträge entlang den Verwerfungen im Detail betrachten. Verwerfung 1 versetzt beide Gänge, beachten Sie jedoch, daß Gang a horizontal nicht versetzt ist, seine Mächtigkeit aber an der Verwerfung verändert. Er verläuft rechtwinklig zum Streichen der Verwerfung, und die Verschiebungsrichtung auf der Verwerfung muß daher in deren Einfallen nach oben oder unten liegen (s. dazu auch Abb. 48). Nach dem Versatz von Gang b zu urteilen, muß die Verschiebung im Einfallen nach Osten erfolgt sein. Verwerfung F2 versetzt den Ausstrich von Gang a ebenfalls nicht horizontal, und nach dem

179

Versatz von Gang **b** muß die Verschiebung ebenfalls in Einfallsrichtung der Störung stattgefunden haben, jetzt allerdings nach Westen (Abb. C). Es handelt sich somit bei beiden Verwerfungen um dehnungsbedingte Abschiebungen. Verwerfung **F3-F4** versetzt den Ausstrich von Gang **b** ebenfalls nicht horizontal, und Verschiebung muß hier ebenfalls in Einfallsrichtung erfolgt sein. Nach dem Versatz von Gang **a** handelt es sich bei **F3-F4** um eine Aufschiebung, die die Gneise nach ENE aufschiebt (Abb. C).

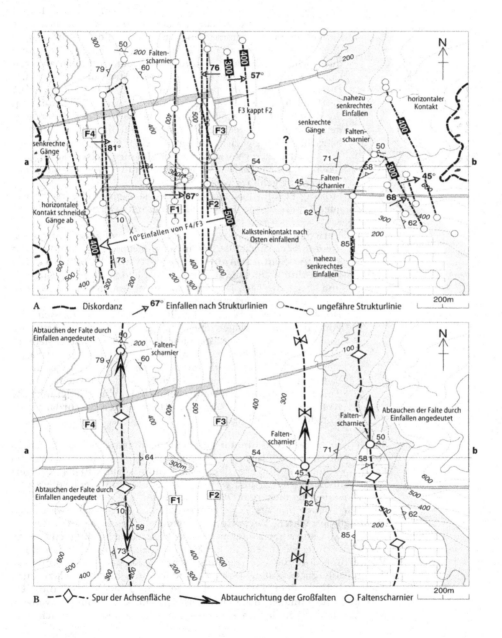

A   –·– Diskordanz   ↗ **67°** Einfallen nach Strukturlinien   ○——○ ungefähre Strukturlinie |——| 200m

B   –◇–·– Spur der Achsenfläche   ➤ Abtauchrichtung der Großfalten   ○ Faltenscharnier |——| 200m

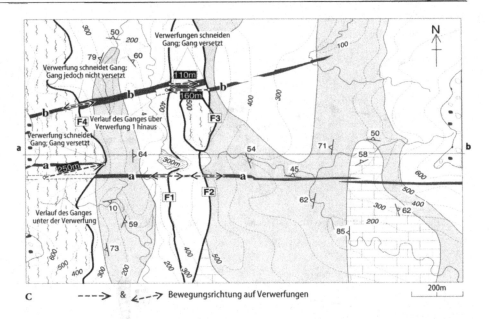

C   - - - → & ‹- - → Bewegungsrichtung auf Verwerfungen

Nachdem wir die Richtungen der Bewegungen auf den Störungen ermittelt haben, können wir die Verschiebungsbeträge aus dem Versatz der Gänge rekonstruieren. Gang **b** wurde durch Verwerfung **F1** um 110 m nach Osten verschoben und um 160 m nach Westen durch **F2**. Gang **a** wurde durch Verwerfung **F4** um 250 m nach ENE verschoben (Abb. C). Da wir das Einfallen der Verwerfungen kennen, ergibt sich der Verschiebungsbetrag aus cos x=d/s (Abb. D), wobei **x** der Einfallswinkel der Störung ist, **d** der horizontale Versatz des Ganges in Verschiebungsrichtung und **s** der Verschiebungsbetrag auf der Verwerfungsfläche selbst. Für **F3-F4**, **x**=10°, **d**=250 und daher **s**=254 m (Abb. D). Beachten Sie, daß nach Rückverschiebung der Hangendgesteine über **F4** um 250 m (den Versetzungsbetrag der Gänge) die Gneise noch immer die gefalteten Gesteine überlagern (Abb. E).Verwerfung **F4** muß daher vor Intrusion der Gänge angelegt und anschließend reaktiviert worden sein. Bei den Verwerfungen **F1** und **F2** ergeben sich aus entsprechender Analyse Verschiebungen in ihrer Einfallsrichtung um 281 bzw. 645 m (Abb. G).

Es ist wichtig zu bedenken, daß wir ohne die Hinweise aus der Verschiebung der Gänge nur wenig über die Art der Verwerfungen aussagen könnten. **F3-F4** bringt metamorphe Gesteine auf Sedimente, die nie in größeren Krustentiefen gelegen haben, und somit müssen die Gneise entlang von **F3-F4** angehoben worden sein. Nach dem Einfallen zu urteilen, dürfte es sich um eine Aufschiebung handeln, die Verschiebungsrichtung wäre uns aber nicht bekannt. Bei **F1** erscheint Tonstein auf beiden Seiten,

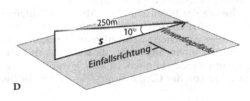

D

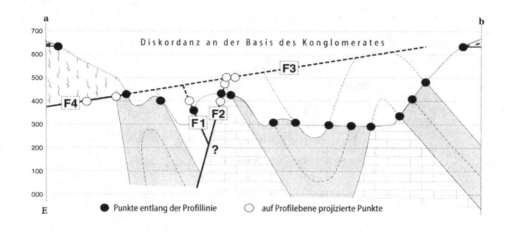

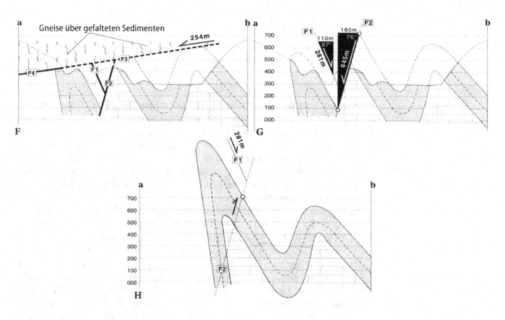

und es könnte sich daher um eine Abschiebung, eine Blattverschiebung oder eine Verwerfung mit schrägem Versatz handeln. F2 bringt im Süden die jüngeren Tonsteine über die älteren Kalksteine. Die abgesunkene Scholle liegt somit im Westen, wobei diese Situation ebenfalls auf eine Abschiebung, eine Blattverschiebung oder eine Verwerfung mit schrägem Versatz zurückzuführen sein könnte (s. Kapitel 8).

Bei der Zeichnung des Profilschnittes (Abb. E) benutzen wir die entlang der Schnittlinie vermerkten Daten zusammen mit Messungen des Einfallens sowie einige projizierte Schnittlinien. Strukturlinien der gefalteten Gesteine werden nicht eingesetzt, da sie nicht mit ausreichender Genauigkeit bestimmt werden können. In Abb. F werden die geologischen Verhältnisse vor Intrusion der Gänge dargestellt, wobei Sie beachten sollten, daß die Gneise immer noch die gefalteten Sedimente überlagern. Abbildung G rekonstruiert die Verhältnisse entlang der Schnittlinie vor Anlage der Überschiebung F3-F4, während in Abb. H die Struktur vor Beginn der Bewegungen auf Verwerfung F2 zeigt.

Aus der Karte selbst können wir nicht das Verhältnis zwischen F1 und F2 klären, d.h. die Frage, welche Störung welche schneidet. Ausgehend von der Verbindung der beiden Störungen auf F2 ist es wahrscheinlich, daß F1 mit F2 verknüpft und zu dieser antithetisch angeordnet ist. Sie werden sich etwa gleichzeitig gebildet haben.

Aus unserer Kartenanalyse können wir nachstehende Geschichte der geologischen Ereignisse vom Ältesten zum Jüngsten ableiten:

1. Bildung der Gneise;
2. Ablagerung der in sich konkordanten unteren Sedimentfolge vom Kalkstein zum Tonstein;
3. Faltung als Ergebnis von Zusammenschub in E-W-Richtung;
4. E-W-Dehnung der Kruste und Anlage von F1 und F2;
5. erste Bewegungen auf Überschiebung F3-F4;
6. Eindringen der Gänge;
7. zweite Bewegungsphase auf Überschiebung als Folge von Zusammenschub in WSW-ENE-Richtung;
8. Hebung und Erosion;
9. Ablagerung des Konglomerates.

183

Lösung zu 14.4

Bei dieser Übung verfügen wir außer entlang dem topographischen Profil über keinerlei direkte topographischen Höhenangaben. Indirekte Hinweise darauf ergeben sich jedoch aus dem Verlauf der Flüsse und Bäche. Wir kennen außerdem die stratigraphische Abfolge. Unsere Beurteilung der Lage der Kontakte und Störungen muß sich somit auf die Interpretation der Verhältnisse zwischen Ausstrichform und Topographie verlassen und auf die direkten Messungen des Fallens und Streichens der Schichten.

Die vulkanischen Gesteine und das Konglomerat stellen die jüngsten Formationen dar, die offensichtlich nur in den höheren Bereichen vorkommen. Das im Verhältnis zu den Bächen stark gekrümmte Ausstrichmuster steht in starkem Gegensatz zu dem der Tonschiefer, Quarzite und Sandsteine und weist auf sehr geringes Einfallen hin. An vielen Stellen kappen Ausstriche dieser jüngeren Gesteine Verwerfungen und Kontakte in den älteren Gesteinen und belegen damit die Existenz einer Diskordanz (Abb. A). Beachten Sie, daß die vulkanischen Gesteine zwar eine ähnliche Lagerung wie das Konglomerat aufweisen, aber weiter nach Osten übergreifen als dieses, eine Situation, die als *Überlappung* oder mit dem amerikanischen Terminus *„onlap"* bezeichnet wird.

Die Lagerung der Verwerfungen kann aus dem Verhältnis zwischen Ausstrichform und Topographie abgeschätzt werden, d. h. dem V-förmigen Verlauf in Tälern (s. Kapitel 4). Daraus ergibt sich, daß die Verwerfungen 2, 3 und 4 (Abb. A) senkrecht stehen, 5, 6, 7, 8 und 9 sowie 13 im wesentlichen NW-SE streichen und mit mäßigen Winkeln nach SW einfallen, während 1 sowie 11 und 12 zwar ebenfalls NW-SE streichen, aber steil nach SW einfallen. Für Verwerfung 10 können Fallen und Streichen nicht direkt bestimmt werden. Beachten Sie außerdem folgende Gegebenheiten: Verwerfung 1 versetzt 2, 3, 7 und 8; Verwerfung 2 versetzt 5 und 6; Verwerfung 3 versetzt 8, 9, 11 und 12, während Verwerfung 4 die Verwerfungen 9, 10 und 11 versetzt (Abb. A).

Eine Beurteilung der Messungen von Fallen und Streichen der Schichtung in der älteren Sedimentfolge zeigt, daß diese in eine überkippte Antiklinale und eine Synklinale verfaltet sind (Abb. B). Das Verhältnis

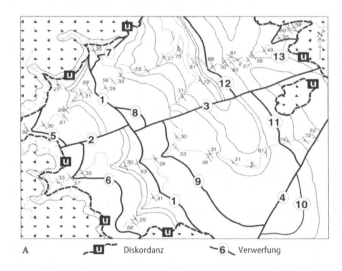

A   ⟋🅄⟍ Diskordanz   ⟍6⟍ Verwerfung

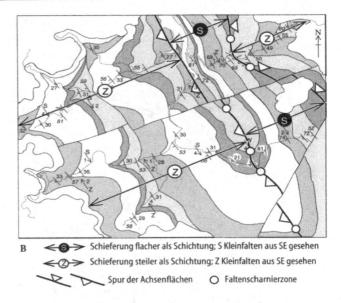

B Schieferung flacher als Schichtung; S Kleinfalten aus SE gesehen

Schieferung steiler als Schichtung; Z Kleinfalten aus SE gesehen

Spur der Achsenflächen ○ Faltenscharnierzone

zwischen Schieferung und Schichtung zeigt, daß die Schieferung eng mit der Faltenform korreliert und es sich damit um eine Achsenflächenschieferung handelt, wobei der beiden Falten gemeinsame Flügel nach NE überkippt ist. Bei Betrachtung aus derselben Richtung weist die Asymmetrie der Kleinfalten ebenfalls auf das Vorhandensein der Großfalten hin und zeigt gleichzeitig, daß letztere schwach nach NW und/oder SW abtauchen (s. Kapitel 2). In den älteren Gesteinen südwestlich von Verwerfung 1 fällt die Schieferung einheitlich steiler als die Schichtung ein, und die Kleinfalten sind bei Blick aus SE stets Z-förmig. Dieser Bereich liegt somit auf dem nicht überkippten Flügel einer Großfalte, möglicherweise der nach NE anschließenden Hauptantiklinale.

Im NE des Gebietes deuten Schichtfallen, Verhältnis zwischen Schichtung und Schieferung, Asymmetrie der Kleinfalten und Ausstrichformen auf eine Synklinale hin (Abb. B). Das Einfallen der Schichtung in den Scharnierzonen der Falten läßt ebenfalls ein sehr flaches Abtauchen erkennen.

Eine Betrachtung der Lagerung der Verwerfungen und ihrer Versetzungsrelationen zeigt, daß wir einige davon miteinander korrelieren können (Abb. C). Verwerfung 1 fällt steiler ein als die Schichtung und stellt die jüngste Verwerfung dar, während die senkrechte Verwerfung 2 (Abb. C) von 1 versetzt wird und selbst 4 und 5 versetzt, deren Einfallen ähnlich dem der älteren Sedimente zu sein scheint. Der Ausstrich von Verwerfung 5 folgt um die Antiklinale herum der Schichtung (Abb. C) und ist damit gefaltet. Verwerfung 6 fällt ebenfalls ähnlich wie die Schichtung ein und könnte daher mit Verwerfung 5 um die Synklinale herum korreliert werden. Wie Verwerfung 5 liegt auch 6 unter dem Sandstein (Abb. C).

Da wir die stratigraphische Abfolge kennen, können wir den Versatz an den Verwerfungen bestimmen. Die abgesunkene Scholle wird auf der Seite liegen, auf der die jüngeren Gesteine auftreten (Abb. C; s. Kapitel 8). Bei den Verwerfungen 1 und 4 liegt die abgesunkene Scholle jeweils ein-

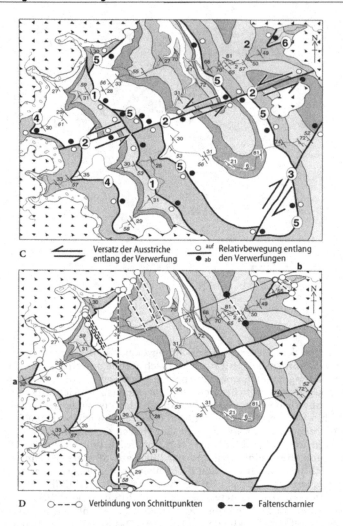

C   ⇄   Versatz der Ausstriche entlang der Verwerfung   ○ auf / ● ab   Relativbewegung entlang den Verwerfungen

D   ○---○ Verbindung von Schnittpunkten   ●---● Faltenscharnier

heitlich auf der NE-Seite und da beide Störungen nach SW einfallen, scheint hier Verschiebung entgegen dem Einfallen stattgefunden zu haben, d.h. es handelt sich um Auf- oder Überschiebungen. Bei Verwerfung 5 liegt die abgesunkene Scholle in Richtung des Kernes der Antiklinale mit den älteren Gesteinen oberhalb der Verwerfungsfläche, was auf eine Auf- oder Überschiebung hinweist. Verwerfung 6 fällt nach SW ein und bringt ebenfalls ältere Gesteine über jüngere, wie bei einer Auf- oder Überschiebung. Im Gegensatz dazu ist bei den Verwerfungen 2 und 3 keine einheitliche Versetzungsrichtung feststellbar, und beide führen zu einer horizontalen Verschiebung der Falten (Abb. B und C). Da die Richtungen des Versatzes bei diesen beiden Verwerfungen einheitlich entlang ihrem Verlauf sind und kein offensichtlicher Wechsel im Erosionsniveau der Falten an ihnen ausgebildet ist, scheint es sich um Blattverschiebungen zu handeln (s. Kapitel 13). Bei dieser Analyse der

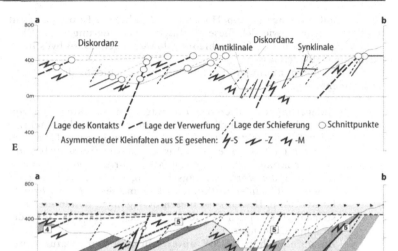

Störungen ist es jedoch wichtig zu bedenken, daß wir außer bei den Störungen 2 und 3 über keine positiven Hinweise über die Verschiebungsrichtung verfügen. Es finden sich keine versetzten linearen Elemente oder senkrechte planare Strukturen mit einer Orientierung, die uns eine genaue Beurteilung ermöglichen könnte.

Mit diesem Kenntnisgrad der möglichen Struktur des Gebietes können wir die Zeichnung eines Profilschnittes versuchen. Dazu können wir nicht nur die entlang der Schnittlinie vorliegenden, sondern auch die auf diese projizierten Daten benutzen (Abb. D). Beachten Sie dabei, daß wir die Schnittlinien zwischen den verschiedenen planaren Elementen, zu denen wir nur punktuelle Informationen besitzen, berechtigterweise auf das Profil projizieren dürfen, da wir das Generalstreichen der Diskordanz und der Störungen und außerdem das Fallen und Streichen der Sedimente kennen. Abbildung E enthält die Daten, auf die sich das Profil gründet, während das vervollständigte Profil in Abb. F dargestellt ist.

Die Falten werden in Abb. F mit geraden Schenkeln gezeichnet, da wir in der Karte erkennen können, daß das Einfallen der Schichtung auf den Faltenschenkeln einheitlich ist. Der Ausstrich der Scharnierzone der Antiklinale ist gerundet, der der Synklinale hingegen mehr eckig, wie auch in dem Profil zum Ausdruck kommt. In der Synklinale können wir jedoch unterhalb der Position von Verwerfung 5 die Faltengeometrie nur vermuten, da dieser Bereich auf der Karte nirgends aufgeschlossen ist.

Abbildung G zeigt das Profil vor Ablagerung der jüngeren Gesteine und vor Einsetzen der Bewegung auf Störung 1. Die Mächtigkeitsänderung im grauen Tonschiefer zwischen **a** und **c** deutet an, daß es sich bei den Störungen 4 und 5 um ein und dasselbe Element handeln könnte und daß die Überschiebung ihre Lage innerhalb der stratigraphischen Abfolge des Gebietes verändert, indem sie von NW nach SE in höhere

187

Teile hinauf vordringt. In Abb. H wurde der Einfluß der Faltung entfernt, und wir erkennen, wie sich diese Mächtigkeitsveränderungen auf Überschiebungsrampen mit Überschiebungsbewegungen in südwestlicher Richtung verbinden lassen.

Wir können nunmehr die tektonische Geschichte des Gebietes zusammenfassen:

1. Ablagerung der älteren Sedimente vom Sandstein bis zum Tonschiefer (ursprünglich einem Tonstein oder Schluffstein).
2. Nach SW gerichtete Überschiebungsbewegungen führen zu Verwerfung 5, deren exakter Versetzungsbetrag nicht bekannt ist, aber mindestens 5600 m umfassen dürfte, wenn wir annehmen, daß die Verschiebungsrichtung mit der Richtung des Profilschnittes übereinstimmte. Dabei messen wir die Störungslänge in Abb. H, denn vor diesen Bewegungen hatten die Sandsteine im Hangenden der Störung mit denen in ihrem Liegenden zusammengehangen.
3. Zusammenschub NE-SW unter erhöhten Temperaturen und Drücken führt zur Faltung und Anlage der Schieferung.
4. Fortentwicklung oder Reaktivierung des NE-SW-Zusammenschubs führt zur Anlage der Blattverschiebungen 2 und 3, wobei die Verschiebung auf Störung 2 etwa 200 m linkslateral verlief und auf Störung 3 ebenfalls 200 m, allerdings rechtslateral. Die beiden Störungen bilden ein verknüpftes Paar, das zur gleichen Zeit entstand.
5. Weiterer Zusammenschub in Richtung NE-SW führt zu Bewegung entlang von Störung 1 mit einer aufschiebenden Komponente von etwa 380 m, wie im Profil gemessen.
6. Hebung und Erosion.
7. Diskordante Überlagerung des Konglomerates auf den älteren Gesteinen und Strukturen, wobei die ursprüngliche Ausdehnung nach Osten nicht bekannt ist.
8. Bildung der vulkanischen Gesteine, möglicherweise konkordant mit den Konglomeraten, aber diese von Osten her überlappend.

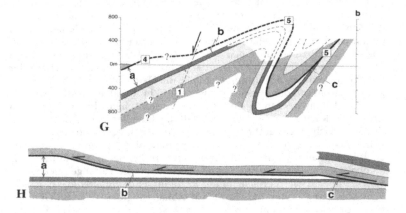

Lösung zu 14.5

Trotz des Fehlens von Höhenlinien oder einzelnen Höhenpunkten können wir aus den Ausstrichmustern dieser Karte — und dabei besonders
aus der Wiederholung der Aufschlüsse auf beiden Seiten des
Meeresarmes — rasch ersehen, daß eine flachliegende Abfolge von
Sedimenten und Störungen von einem Gang und einer steilstehenden
Störung durchsetzt wird. Das Konglomerat bildet im Norden den Gipfel
des Hügels, auf dem es diskordant den Gang und damit auch den Kalkstein überlagert (Abb. A).

Das Einfallen der Schichten bestätigt nicht nur die flache Lagerung
der Sedimentformationen, sondern auch die der Verwerfungen 2, 3 und 5,
deren Ausstriche den lithologischen Kontakten folgen und die daher ähnliches Einfallen aufweisen müssen. Das Schichtfallen zeigt einen systematischen Wechsel von West nach Ost, der auf das Vorhandensein einer
großen breiten N-S-streichenden Antiklinale hinweist. Zusätzlich zu dieser offenen Falte sind enge bis isoklinale Falten vorhanden, erkennbar an
den umlaufenden Ausstrichen des Kalksteins auf den Seiten des Tales im
Westen und NW des Gebietes (Abb. A). Durch Auffinden der Scharniere
dieser Falten und bei Berücksichtigung des Fallens und Streichens der
Gesteine zeigt sich, daß es sich dabei um Ausstriche der gleichen N-S-
streichenden Falten handelt, deren Scharnier nahezu horizontal liegen
muß. Dieselbe Falte kann in der SW-Ecke der Karte wiedergefunden werden, wenn wir die Scharnierlinie weiter nach Süden verlängern (Abb. A).
Beachten Sie dabei, daß sich der Liegendschenkel der Falte über das
gesamte Gebiet nach Osten erstreckt, während der Hangendschenkel nach
oben durch die Störungen 2 und 3 gekappt wird (Abb. A).

Der V-förmige Ausstrich des Ganges im Tal nach Osten zeigt, daß
dieses Element mit einem mittleren Winkel nach NE einfällt. Es wird von
Störung 1 versetzt, schneidet selbst aber Störung 5. Bei Störung 1, die NE-
SW streicht und steil nach NW einfällt, handelt es sich um die jüngste das
Gebiet beeinflussende Störung (Abb. A).

Störung 4 streicht NE-SW und fällt nach SE mit mittlerem bis steilem
Winkel ein. Für ihr Verhältnis zum Intrusivgang finden sich keinerlei
Anzeichen.

Aus der stratigraphischen Abfolge können wir ersehen, daß nur ein
Kalksteinhorizont, ein Schluffsteinhorizont usw. vorhanden sind und daß
somit die Wiederholung der Ausstriche der Sedimentformationen im
Kartenbereich auf Faltung und/oder Verwerfungen zurückzuführen ist.
Wir können den Einfluß der Faltung weiter untersuchen, indem wir das
Verhältnis zwischen Schichtung und Schieferung betrachten und die Art,
in der die Sedimente übereinander gestapelt vorliegen, d. h. ob sie nach
oben oder unten jünger werden (Abb. B). In der SE-Ecke erscheint der
Kalkstein sowohl über als auch unter dem Schluffstein. Die obere Einheit
entspricht der stratigraphischen Abfolge und wird zum Hangenden hin
jünger, während die tiefere überkippt ist (Pfeile in Abb. B). Da keine
Verwerfung erkennbar ist, muß innerhalb des Schluffsteinausstrichs die
Achsenfläche einer Isoklinalfalte verlaufen. In gleicher Weise über- bzw.
unterlagert der Sandstein im Nordteil den Schluffstein, ein Hinweis auf
das Vorhandensein einer weiteren Isoklinalfalte. In beiden Fällen stim-
men die Änderungen im Jüngerwerden mit Änderungen im Verhältnis
zwischen Schieferung und Schichtung überein und befinden sich somit
im Einklang mit dem Auftreten von Faltenscharnieren. Beachten Sie
jedoch, daß die überkippten Gesteine nicht immer dadurch gekennzeichnet sind, daß die Schieferung steiler einfällt als die Schichtung und daß in
dem nicht überkippten Bereich nicht überall das entgegengesetzte

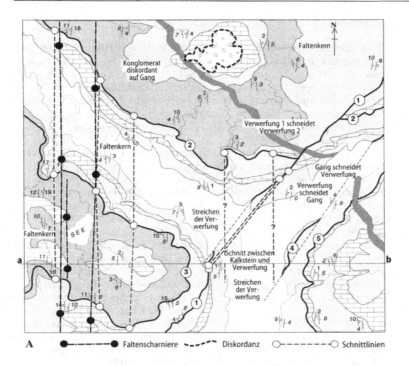

A ●———● Faltenscharniere ▪—·—▪ Diskordanz ○‑‑‑‑‑‑○ Schnittlinien

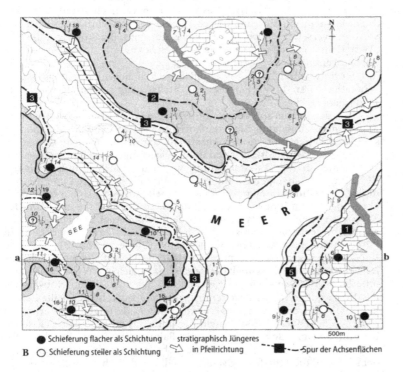

● Schieferung flacher als Schichtung ⇨ stratigraphisch Jüngeres
B ○ Schieferung steiler als Schichtung in Pfeilrichtung ▪⤸ Spur der Achsenflächen

500m

Verhältnis zu beobachten ist. Dies erklärt sich daraus, daß die Schieferung zwar als Achsenflächenschieferung zu den großen Isoklinalfalten gehört, daß aber die Lagerung von Schieferung und Schichtung außerdem durch die große weitgespannte N-S-streichende Falte überprägt wird (s. unten). Mit Hilfe des Jüngerwerdens der Sedimente und des Verhältnisses zwischen Schieferung und Schichtung können wir dennoch den Verlauf der Achsenflächen von fünf engen bis isoklinalen flachliegenden Falten identifizieren (Abb. B).

Mit unserem bisherigen Verständnis der Struktur können wir die Ableitung eines Profilschnittes (Abb. C) beginnen, indem wir die entlang der Profillinie aufgenommenen Daten nutzen und zusätzlich andere Daten auf diese Linie projizieren (Abb. C).

Abbildung C enthält die Wiedergabe der Daten im topographischen Profil. Während wir die Höhenlage einiger Datenpunkte, wie z. B. projizierte Punkte und die Einfallsbeträge, nicht direkt kennen, wissen wir doch, wo entlang dem Profil die Schnittlinien und die Einfallswerte liegen

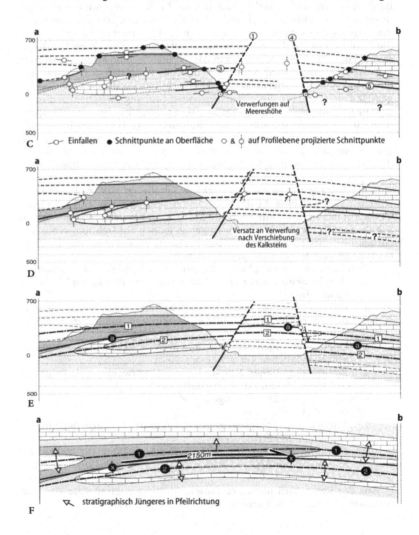

sollten. Die Lage der Schnittlinien an der Oberfläche liefert jedoch Hinweise auf deren angenäherte Höhe, da z.B. ein Einfallswert einer bestimmten Formation auf der Karte auch im Schnitt in dieser Formation liegen muß. Die Schnittlinien zwischen den Sandstein- bzw. Kalksteinkontakten und Verwerfung 2, die in Abb. C zwischen den Verwerfungen 1 und 4 liegen, werden aus dem Bereich NW der Verwerfung 1 auf die Profilebene projiziert.

Das Einfallen der Verwerfungen 1 und 2 kann mit hinlänglicher Genauigkeit bestimmt werden, da wir wissen, wo sie auf Meereshöhe liegen und wo sie die Profilebene kreuzen (Abb. A). Der Versatz auf Störung 1 ergibt sich aus dem Versatz des Kalksteines, und mit dieser Erkenntnis können wir die Lage der geologischen Kontakte zwischen den Verwerfungen 1 und 4 erfassen (Abb. D) und damit im Gegenzug den Versatz auf Verwerfung 4, bei der die abgesunkene Scholle im Osten zu liegen scheint.

Die Lage der Achsenflächen der flachliegenden Großfalte in Abb. E läßt vermuten, daß einzelne Falten und die flachliegenden Störungen innerhalb des Gebietes miteinander korreliert werden können. Somit sind die Falten 3 und 5 miteinander identisch (Falte 2 im Profilschnitt) sowie die Falten 1, 2 und 4 (Falte 1 im Profilschnitt). In gleicher Weise handelt es sich bei den Störungen 2, 3 und 5 in Abb. B um dieselbe Struktur (Störung a in Abb. E). Dies wird deutlicher in Abb. F, in der der Einfluß der Störungen 1 und 4 entfernt wurde. Offensichtlich wurde ein Paar flachliegender Falten entlang einer flachliegenden Störung zwischen den x gekennzeichneten Punkten versetzt. Die Störung bringt ältere Gesteine über jüngere und ist somit wahrscheinlich eine Überschiebung. Wir haben keine direkten Hinweise über ihre Verschiebungsrichtung, sie müßte jedoch von Osten nach Westen erfolgt sein, wenn die Störung mit dem Zusammenschub in Verbindung stand, der auch die Faltung auslöste.

Bei Störung 1 liegt die abgesunkene Scholle im NW, es könnte sich jedoch dabei um eine Abschiebung oder eine Störung mit schrägem Versatz handeln. Dies gilt auch für Störung 4, bei der die abgesunkene Scholle im SE liegt. Beide Störungen gehen jedoch auf Dehnungsvorgänge zurück und entstanden wahrscheinlich als ein verknüpftes Störungspaar bei NW-SE-gerichteter Dehnung der Kruste.

Zusammenfassend ergibt sich folgende Geschichte für das Gebiet:
1. Anscheinend konkordante Ablagerung von den Laven bis zu den Sandsteinen;
2. Faltung als Folge von E-W-gerichtetem Zusammenschub, Bildung der Schieferung und der überkippten isoklinalen liegenden Falten;
3. Überschiebungen als Folge von E-W-gerichtetem Zusammenschub, möglicher Versatz etwa 2150 m;
4. Bildung der offenen N-S-streichenden Aufwölbung als Folge von E-W-gerichtetem Zusammenschub;
5. Intrusion des Doleritganges;
6.* Hebung und Erosion;
7.* diskordante Ablagerung des Konglomerates auf den älteren Gesteinen und Strukturen;
8.* Dehnung der Kruste in NW-SE-Richtung führt zur Anlage der Störungen 1 und 4.

(* Aus der Karte wird nicht ersichtlich, ob die Konglomerate vor oder nach der Bildung der Störungen 1 und 4 abgelagert wurden.)

Lösung zu 14.6

Bei dieser Karte verfügen wir nur über begrenzte topographische Informationen, und außerdem ist die stratigraphische Abfolge nicht bekannt. Dennoch können wir rasch feststellen, daß Sandstein und Konglomerat die höherliegenden Bereiche aufbauen und einen geschieferten Sedimentkomplex überlagern. Die Basis des Sandsteins schneidet andere Kontakte ab und ist somit diskordant, und nach den angegebenen Meßdaten fällt der Sandstein mit 4–5° nach NW ein. Aus einzelnen Höhenpunkten und der Lösung eines Dreipunktproblems (s. Kapital 6) ergibt sich für die Diskordanzfläche ein Einfallen von 7° nach NW (Abb. A). Dieser Unterschied in der Lagerung könnte auf lokale Schwankungen im Einfallen zurückzuführen sein oder darauf, daß der Sandstein auf einer geneigten paläotopographischen Oberfläche abgelagert wurde.

Die Basis des überlagernden Kalksteins östlich von Störung 3 liegt im Nord- und Südteil des Gebietes auf etwa 2500 m und ist somit horizontal. Nach Westen hin liegt sie ebenfalls horizontal, aber auf 3000 m, was auf Bewegungen entlang von Störung 3 zurückzuführen sein dürfte. Auch der Kalkstein ist diskordant, wie das Abschneiden unterlagernder Kontakte erkennen läßt (Abb. A).

Mit Hilfe der entsprechenden Höhen können wir aus einem geneigten Dreieck die Lage von Verwerfung 3 berechnen, die mit etwa 33° nach ENE einfällt (Abb. B) und bei der die abgesunkene Scholle im Osten liegt.

Indem wir die Schnittlinie zwischen den beiden Diskordanzen auf die Verwerfungsfläche projizieren (Abb. B), können wir Richtung und Betrag der Verschiebung auf dieser bestimmen (s. Kapitel 8). Es handelt sich um eine Dehnungsverwerfung, bei der die Verschiebungsrichtung nur wenig von ihrem Einfallen abwich.

Alle unter den Diskordanzen liegenden Gesteine sind geschiefert. Das Verhältnis zwischen Ausstrichen und Topographie sowie das

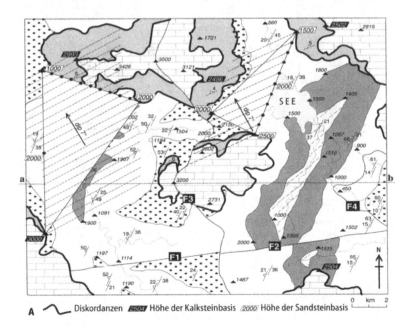

A ⌇ Diskordanzen ▨ Höhe der Kalksteinbasis ⌇ Höhe der Sandsteinbasis

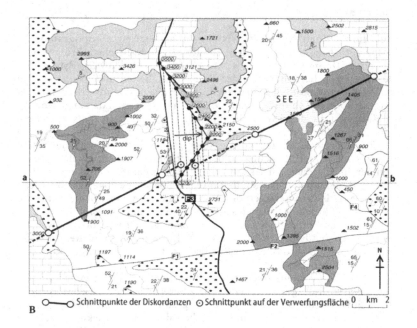

B ○——○ Schnittpunkte der Diskordanzen ⊙ Schnittpunkt auf der Verwerfungsfläche

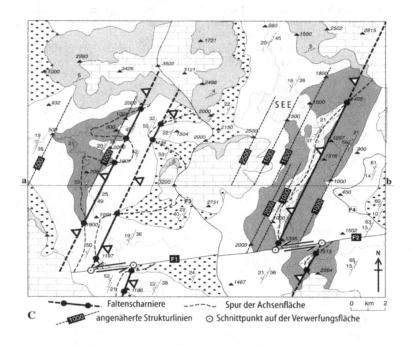

C ●—●—● Faltenscharniere   ---- Spur der Achsenfläche

〈1000〉 angenäherte Strukturlinien ⊙ Schnittpunkt auf der Verwerfungsfläche

Schichtenfallen zeigt, daß drei eckige Großfalten ausgebildet sind und daß es sich bei der Schieferung um die zu diesen gehörige Achsenflächenschieferung handelt (Abb. C). Da das Streichen von Schieferung und Schichtung einheitlich in NNE-SSW-Richtung verläuft, handelt es sich um im wesentlichen zylindrische Falten mit horizontalen Scharnieren.

Im Osten bildet schwarzer Tonschiefer den Kern der Antiklinale, gefolgt von Schluffstein, grauem Tonschiefer und abschließend Konglomerat. Westlich von Verwerfung 3 werden die Schluffsteine im Kern der Antiklinalen von grauen Tonschiefern und dann dem Konglomerat überlagert. Beachten Sie, daß sich keine Hinweise für eine Diskordanz an der Basis dieses Konglomerates finden. Es zeigen sich keine Überschneidungen mit unterlagernden Kontakten, und das Einfallen des Konglomerates ist konkordant zu den anderen geschieferten Sedimenten. Die senkrechte und damit eventuell stratigraphische Abfolge scheint wie folgt zu lauten:

Jüngstes: Kalkstein
---------------------------- *Diskordanz*
Sandstein
---------------------------- *Diskordanz*
Konglomerat
grauer Schiefer (ursprünglich Tonstein)
Schluffstein
Ältestes: schwarzer Schiefer (ursprünglich Tonstein)

Bei der bekanntlich mit 33° nach Osten einfallenden Verwerfung 3 handelt es sich im wesentlichen um eine Abschiebung mit einem senkrechten Versatz von etwa 500 m, wie sich aus dem Höhenunterschied der Basis des horizontal liegenden Kalksteins auf ihren beiden Seiten ergibt. Die Verwerfungen 1 und 2 stehen senkrecht und versetzen die Faltenscharniere horizontal um etwa 2600 m (Abb. C). Da bei den Faltenscharnieren keine Änderung der Höhenlage entlang der Verwerfung feststellbar ist, muß es sich bei ihnen um linkslaterale Blattverschiebungen handeln, die vor Einsetzen der Bewegungen entlang von Verwerfung 3 zusammenhängen und Teil einer einzigen durchgehenden Verwerfung waren.

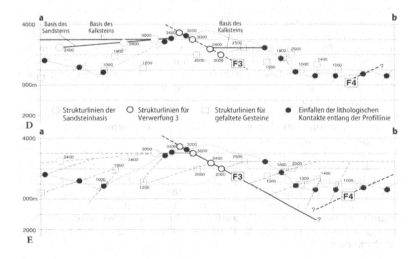

195

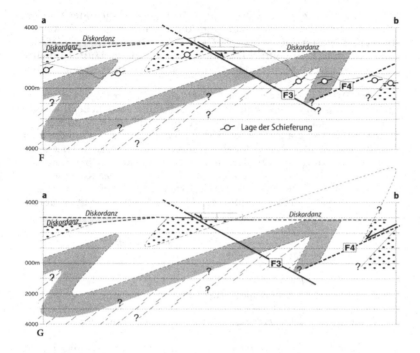

Wie das Verhältnis zwischen Ausstrichform und Topographie zeigt, fällt Verwerfung 4 flach nach NE ein und schneidet die steil einfallenden Gesteine des überkippten Flügels der Antiklinale. Da die Gesteine überkippt sind, ist es nicht möglich, aus der Karte zu ersehen, auf welcher Seite die abgesunkene Scholle liegt und um welche Art Störung es sich handelt.

In den älteren Gesteinen können wir wegen des einheitlichen Streichens für die Stellen, an denen Kontakte auf Höhenpunkten liegen, entsprechende Strukturlinien ableiten (Abb. C). Mit diesen sowie mit anderen projizierten Daten und Informationen aus dem Bereich der Profillinie können wir ein Schnittbild konstruieren (Abb. D). In Abb. E werden die Falten an den entsprechenden Datenpunkten eingetragen. Sie sind von eckiger Form, da das Einfallen auf den jeweiligen Schenkeln einheitlich ist (s. Karte). Das Verhältnis zwischen den Verwerfungen 3 und 4 kann aus der Karte nicht abgeleitet werden, und ihre Lage in den tieferen Bereichen des Profiles kann nur geschätzt werden.

Das fertige Profil (Abb. F) zeigt, daß die Basis des Kalksteins um etwa 1200 m im Einfallen von Verwerfung 3 abgesenkt wurde, die des Konglomerates jedoch nur um 800 m. Die Verwerfung muß somit vor, während und nach der Ablagerung des Kalksteins aktiv gewesen sein. Wenn wir die Basis des Konglomerates um die östliche Antiklinale herum verfolgen und den Einfluß von Bewegungen auf Verwerfung 3 nach Ablagerung des Kalksteins entfernen, können wir erkennen, daß die Verwerfung einen Versatz in Richtung ihres Einfallens aufweist und damit auf Dehnungsvorgänge zurückzuführen ist. Dabei gehen wir allerdings davon aus, daß sich die Form der Falte entlang ihrer Achsenfläche nicht ändert.

Zusammengefaßt stellt sich die tektonische Geschichte des Gebietes wie folgt dar:

1. Konkordante Ablagerung der Abfolge Tonstein (heute schwarzer Schiefer) bis Konglomerat;
2. Faltung und Anlage der Schieferung in tieferen Teilen der Kruste als Folge eines WNW-ESE gerichteten Zusammenschubes mit Überkippung nach ESE;
3. Bildung einer Blattverschiebung (Verwerfungen 1 und 2) durch NW-SE-gerichteten Zusammenschub;
4. Bewegung auf Verwerfung 3;
5. Hebung und Erosion;
6. Ablagerung des Sandsteins auf einer geneigten Erosionsfläche;
7. Bewegungen, die zur Verkippung des Sandsteins führen;
8. Hebung und Erosion;
9. diskordante Ablagerung des Kalksteins über das gesamte Gebiet, Verwerfungsaktivitäten?
10. Dehnungsbewegungen auf Verwerfung 3 (und 4?) bei nahezu exakt E-W-gerichteter Dehnung.

Lösung zu 14.7

Eine rasche Beurteilung der Karte und der dazugehörigen Erläuterung zeigt, daß eine jüngere Abfolge aus flachliegenden Konglomeraten und Laven diskordant auf geschieferten Sedimenten und Vulkaniten liegt, die steil bis mäßig nach SW einfallen. Drei senkrecht stehende Störungen sind vorhanden, von denen eine auch die jüngere Schichtenfolge schneidet. Geschlossene Ausstrichbereiche des grauen Sandsteines im SW des Gebietes und entsprechende Änderungen im Einfallen der Schichtung weisen auf das Vorhandensein von Falten hin. Zwischen den senkrechten Störungen treten solche mit flachem Einfallen nach SW auf. Die senkrechte und/oder stratigraphische Abfolge in den geschieferten Sedimenten wird nicht ohne weiteres deutlich.

Wir können somit rasch die wesentlichen Aspekte der zugegebenermaßen komplexen Karte zusammenfassen, was uns für eine detailliertere Analyse eine Richtschnur liefern wird.

Der einfacheren Beschreibung halber wurden die Störungen in Abb. A mit **a-h** markiert und das Gebiet in vier Teilbereiche **A-D** unterteilt, die von den senkrechten Störungen begrenzt werden. Im gesamten Kartengebiet ist an der Kappung der Kontakte in den geschieferten Sedimenten und an Unterschieden im Einfallen zu erkennen, daß das Konglomerat die älteren Gesteine und die Störung **g** diskordant überlagert. In gleicher Weise folgen die darüberliegenden Laven im SW diskordant, könnten aber im Norden konkordant aufliegen und damit insgesamt das Konglomerat nach SW überlappen. Die Laven und damit auch alle älteren Gesteine werden von einem senkrecht stehenden WNW-ESE streichenden Basaltgang intrudiert.

Wir können die senkrechte (stratigraphische?) Abfolge im älteren Schichtpaket dadurch bestimmen, daß wir im Geist über das Gebiet wandern und die Lage der verschiedenen Formationen im Verhältnis zu

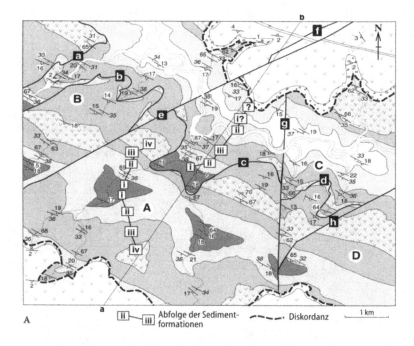

A ⬚ii⎤⎣ii⎦iii Abfolge der Sediment- ▬ ▬ ▬ Diskordanz 1 km
        formationen

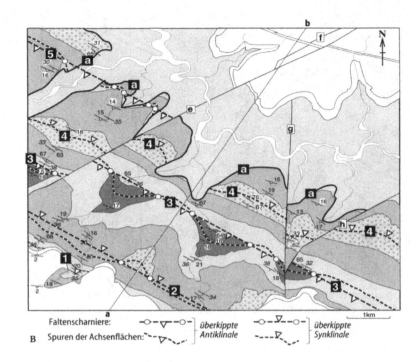

B Faltenscharniere: ⊸—▽——⊸ } überkippte ⊸—▽——⊸ } überkippte
Spuren der Achsenflächen: ⁻⁻▽⁻⁻⁻ } Antiklinale ⁻⁻⁻▽⁻⁻ } Synklinale

1km

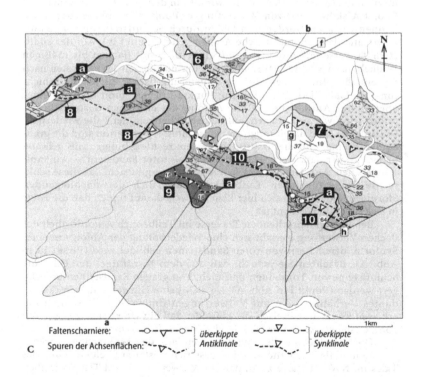

C Faltenscharniere: ⊸—▽——⊸ } überkippte ⊸—▽——⊸ } überkippte
Spuren der Achsenflächen: ⁻⁻▽⁻⁻⁻ } Antiklinale ⁻⁻⁻▽⁻⁻ } Synklinale

1km

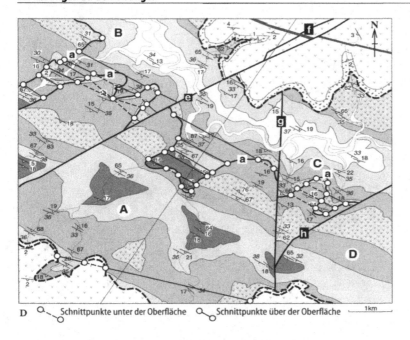

D ⟲ Schnittpunkte unter der Oberfläche ⟲ Schnittpunkte über der Oberfläche 1km

ihrem Einfallen vermerken. Wenn wir also in den grauen Sandsteinen von Gebiet **A** südwestlich von Verwerfung **c** (Punkt **i** in Abb. A) beginnen, können wir nach Norden und Süden durch Schluffsteine in rote Sandsteine und dann in vulkanische Aschen gehen (Punkt **iv**). Auf der südlichen Traverse fallen die Gesteine einheitlich mit flachen bis mäßigen Winkeln nach SW ein, während sie auf der nördlichen Traverse steil nach SW einfallen. Im Norden fällt die Schieferung flacher ein als die Schichtung, im Süden jedoch steiler. Die Punkte **i** liegen somit im Kern einer überkippten Antiklinale und die Abfolge der einzelnen Gesteinsformationen wird, wie zu erwarten, auf beiden Schenkeln der Falte wiederholt. Die unterste (und damit möglicherweise älteste) Formation sind die grauen Sandsteine, und die ursprüngliche senkrechte Abfolge muß gelautet haben: grauer Sandstein — Schluffstein — roter Sandstein — vulkanische Aschen. Aus den gleichen Betrachtungen ergibt sich, daß diese senkrechte Folge für jeden Teilbereich südwestlich der flachliegenden Störungen **a-d** gilt und sich hier kein Hinweis darauf findet, daß die Folge in sich nicht konkordant ist.

Bei einer entsprechenden Traverse im Teilbereich **A** nordöstlich der flachen Verwerfung **c** ergibt sich eine Wiederholung der Abfolge in einer Synform, deren Kern von roten Sandsteinen gebildet wird (Punkt **iii** in Abb. A). Beachten Sie jedoch, daß auf dem Nordflügel der Falte die Schluffsteine von Tonsteinen und nicht von grauen Sandsteinen unterlagert werden (Punkt **i** in Abb. A). Da sich keine Hinweise auf ein diskordantes Verhältnis oder auf Verwerfungen finden, die diese Situation erklären könnten, beweisen die Befunde, daß ein lateraler Fazieswechsel von Tonsteinen zu den grauen Sandsteinen auftreten muß.

Die Verschiebung der Ausstriche entlang den senkrechten Verwerfungen und die Wiederholung der Ausstrichmuster auf beiden Seiten des Tales im NW der Karte zeigt, daß die Verwerfungen **a-d** Teile derselben

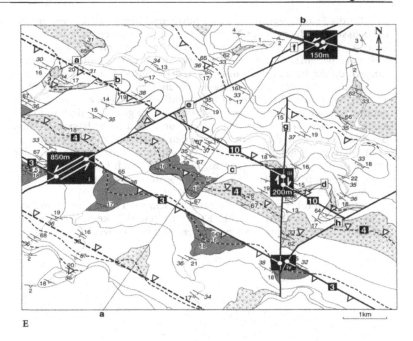

E

Verwerfung sind, die wegen ihres schwachen Einfallens nach SW das gesamte Gebiet SW ihrer Ausstrichlinie unterlagert. Wenn wir also die Faltenstrukturen untersuchen wollen, die die ältere Schichtfolge betreffen, so sollten wir zunächst das Gebiet südwestlich von dieser Verwerfung (a in Abb. B) betrachten und dann erst das nordöstlich davon oder gegebenenfalls in umgekehrter Reihenfolge.

Aus Wiederholungen der Abfolge, dem Einfallen der Schichten, wie es sich aus direkten Messungen und dem Verhältnis zwischen Ausstrichform und Topographie ergibt und aus dem Verhältnis zwischen Schieferung und Schichtung, lassen sich eine Reihe überkippter Falten feststellen (Abb. B). Entsprechend den möglichen Korrelationen über die Verwerfungen e, g und h hinweg werden sie mit 1-4 numeriert. Die Falten sind im wesentlichen zylindrisch und weisen nahezu horizontal liegende Scharniere auf.

Aus einer entsprechenden Analyse der älteren Sedimente nördlich von Verwerfung a ergeben sich weitere Falten (6-10), die unter dieser Verwerfung liegen müssen (Abb. C).

Das Abschneiden der älteren Strukturen durch Verwerfung a wird in Abb. D zusammen mit der Schnittlinie zwischen Konglomerat und Lava gezeigt. Wir werden darauf später bei der Ableitung des Profilschnittes zurückkommen.

Wie wir in vorausgegangenen Übungen sehen konnten, sind Ausstrichmuster von Falten und die Lage ihrer Scharniere von großem Nutzen bei der Bestimmung von Verschiebungen auf Verwerfungen. Bei der vorliegenden Übung ermöglicht es uns die Lokalisierung von Faltenscharnieren über und unter Verwerfung a den Verschiebungsbetrag auf den Verwerfungen e und g zu bestimmen. Die Lage ihrer Achsenfläche im Profilschnitt erlaubt außerdem, die mögliche Verschiebung auf Verwerfung a zu bestimmen.

Da die Faltenscharniere nahezu horizontal liegen, dürfen wir sie auf die Ausstriche der Verwerfungen **e** und **g** projizieren, wie in Abb. E gezeigt. Aus den Ausstrichmustern der Falten ergeben sich keine Hinweise auf bedeutende senkrechte Bewegungen entlang diesen Verwerfungen, da die Faltenkerne im gesamten Kartenbereich einheitlich von den gleichen Formationen aufgebaut werden. Daher muß der augenfällige Versatz der Faltenscharniere auf Blattverschiebungsbewegungen zurückgeführt werden, die bei Verwerfung **e** linkslateral gerichtet sind und etwa 850 m betragen, bei Verwerfung **g** etwa 200 m mit rechtslateralem Sinn. Beachten Sie jedoch, daß Verwerfung **e** den Basaltgang nur um 150 m versetzt. Bewegungen fanden auf der Verwerfung somit sowohl vor der Intrusion des Ganges statt (700 m) als auch danach (150 m). Verschiebung auf Verwerfung **g** fand vor der Ablagerung des Konglomerates statt, da dieses die Verwerfung diskordant überlagert.

Störung **h** führt zu einem Versatz des Scharniers von Falte 3 und der Achsenfläche von Falte 4 (Abb. E). Es finden sich keine Beweise für beträchtliche senkrechte Bewegungen entlang der Verwerfung, bei der es

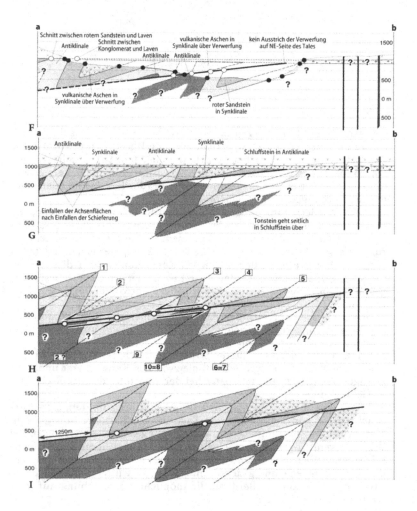

sich somit um eine linkslaterale Blattverschiebung mit einem Versatz von etwa 500 m handelt. Die Verwerfungen **e**, **g** und **h** bilden ein verknüpftes System, dessen Orientierung zeigt, daß der auslösende maximale Zusammenschub in NE-SW-Richtung erfolgte und zu einem Zerbrechen der Gesteine vor und nach der Ablagerung der jüngeren Abfolge aus Sedimenten und Vulkaniten führte.

Wenn wir einen Profilschnitt zeichnen, benutzen wir wie bei den vorausgegangenen Übungen nicht nur die an der Schnittlinie angetroffenen Daten, sondern auch zusätzlich so viel Information aus dem Kartenbereich, wie nach der angetroffenen tektonischen Komplexität vertretbar ist. Wir bauen somit zunächst die in Abb. F und G gezeigten Schnitte auf und kommen damit zum endgültigen Profil (Abb. H).

Es ergibt sich deutlich aus Abb. H, daß die Falten über und unter der flachliegenden Störung gleiche Geometrie aufweisen. Sie sind eckig und asymmetrisch und zeigen gleiches Einfallen ihrer Achsenflächen und Faltenschenkel. Aus der Karte entnehmen wir, daß ihre Scharniere daher alle NW-SE streichen und nahezu horizontal liegen. Sie wurden daher alle wahrscheinlich zur gleichen Zeit gebildet und durch die flachliegende Störung versetzt. Da die Falten über und unter der Störung die gleiche Orientierung aufweisen, hat auf der Störungsfläche keine Rotation stattgefunden. Es handelt sich dabei somit um Verschiebung in Richtung des Streichens oder des Einfallens oder schräg dazu. Wenn Sie Ihren Profilschnitt so genau wie möglich gezeichnet haben, wird Ihnen auffallen, daß die Formen der Falten über und unter der Störung wie in Abb. I gezeigt zusammenpassen. Diese geometrische Übereinstimmung liefert zwar keinen absoluten Beweis dafür, daß die Bewegung auf der Störungsfläche durch Verschiebung parallel zur Profillinie, d.h. im Einfallen, erfolgte, macht dies jedoch sehr wahrscheinlich. Es handelt sich hierbei um eine dehnungsbedingte Abschiebung mit einem Versatz von etwa 1250 m in Richtung des Einfallens. Sie ist deutlich älter als die Ablagerung des Konglomerates.

Die Geschichte des Gebietes kann nunmehr zusammengefaßt werden:

Ältestes: 1. Ablagerung der älteren Schichtenfolge;
2. Faltung und Anlage der Schieferung durch Zusammenschub aus SW-Richtung;
3. Anlage der Verwerfung **a** als Folge von Dehnung;
4. Bildung der Verwerfungen **e**, **g** und **h** bei NE-SW-gerichtetem Zusammenschub;
5. Hebung und Erosion;
6. Ablagerung des Konglomerates, gefolgt vom Ausfließen der Laven, die das Konglomerat überlappen;
7. erneuerte Bewegungen auf Verwerfung e(f);
8. Intrusion des Basaltganges;
Jüngstes: 9. erneuerte Bewegung auf Verwerfung e.

Übung 14.8

Die Überprüfung der gegenseitigen Überschneidung der verschiedenen Elemente, des Schichtenfallens und der Ausstrichformen weist auf Diskordanzen an der Basis der Kalksteine, der Konglomerate, der Schluffsteine und der Sandsteine hin (Abb. A). Die Kalksteine bilden die höchstgelegenen Bereiche und liegen diskordant auf den Schluffsteinen und Tonschiefern. Im NE des Kartenausschnittes überlagern die Schluffsteine offensichtlich diskordant die Sandsteine. Ansonsten ist ihr Verhältnis zu den Sandsteinen nicht so deutlich entwickelt. An vielen Stellen liegen sie jedoch eindeutig, wie auch die Sandsteine, diskordant auf den Tonschiefern. Die Konglomerate überlagern alle anderen Formationen und viele der Störungen diskordant. Nach diesen Beobachtungen läßt sich folgende stratigraphische Situation ableiten:

Jüngstes:	Konglomerat
	Kalkstein
	Schluffstein
	Sandstein
Ältestes:	Tonschiefer

Der Basalt bildet senkrechte bis steilstehende Gänge, die alle Gesteine außer die Schluffsteine, Kalksteine und die Konglomerate durchschlagen.

Alle Verwerfungen weisen eine generelle Ausrichtung in N–S-Richtung auf, was auf ein entsprechendes Generalstreichen hinweist. Der V-förmige Verlauf ihrer Ausstriche unter Einfluß der Topographie macht folgende Lagerung wahrscheinlich: Die Verwerfungen 1 und 2 fallen

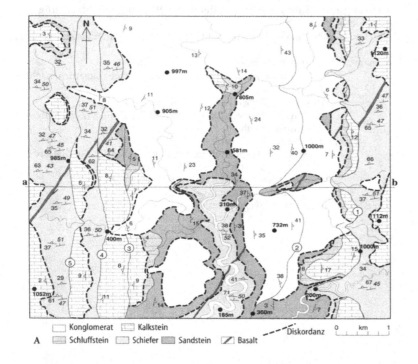

☐ Konglomerat	☐ Kalkstein	
☐ Schluffstein ☐ Schiefer ▦ Sandstein ▨ Basalt		– – – Diskordanz

A

0 km 1

mäßig bis schwach nach Westen ein, Verwerfung 3 steil nach Westen und Verwerfungen 4 und 5 mäßig bis steil nach Osten.

In Abb. B werden Schnittlinien an Diskordanzen und auf Störungsflächen zusammen mit Höhenangaben an Kontakten und Störungen auf die Profillinie projiziert, um den Aufbau eines Profilschnittes zu ermöglichen. Einige dieser Daten werden jedoch über große Entfernungen projiziert, und wir sollten uns daher nicht zu sehr auf sie verlassen, da geringe Schwankungen in der Lagerung ausgebildet sein können, die projizierte Punkte entlang der Schnittlinie verschieben könnten. Mit diesen Einschränkungen können wir nun einen angenäherten Profilschnitt zeichnen, der es uns ermöglicht, die Lagerung der Kontakte und Verwerfungen genauer zu beurteilen (Abb. B). Beachten Sie, daß die Sandsteine, Schluffsteine und Konglomerate mit östlicher Vergenz verfaltet sind und die Störungen 1 und 2 nach unten konvex ausgebildet und damit listrischer Natur sind.

Um Art und Einfluß der Verwerfungen beurteilen zu können, müssen wir den Versatz auf ihnen und die Verschiebung von Leithorizonten bestimmen. Bei den Verwerfungen 1 und 2 liegt die abgesunkene Scholle jeweils auf der Westseite, und sie versetzen einen der Gänge (Abb. C). Der

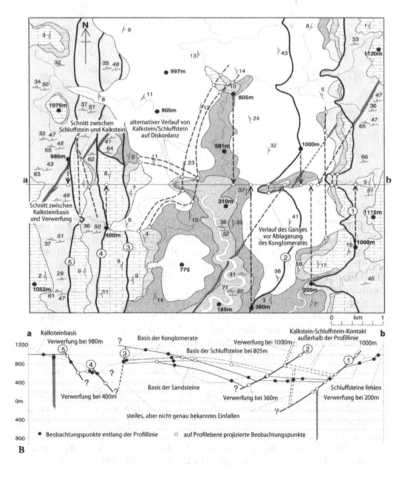

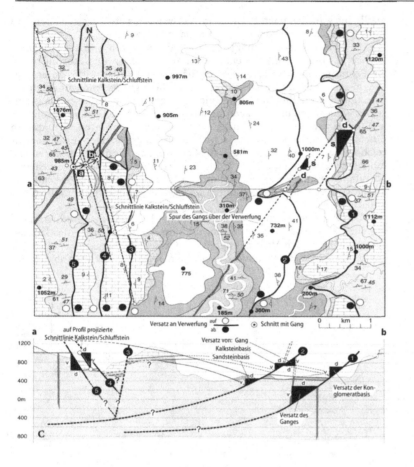

Versatz des Ganges kann durch die horizontale Verschiebung in Richtung des Einfallens der Verwerfung (**d**) beschrieben werden sowie durch die Verschiebung im Streichen (**s**) und die senkrechte Verschiebung **v** (Abb. C). Diese Verschiebungsbeträge können durch Verschiebung im Einfallen der Verwerfung, in ihrem Streichen oder schräg dazu verursacht worden sein. Die listrische Form der Verwerfungen und, wie noch zu zeigen sein wird, die nur lokale Ablagerung der Konglomerate, Schluffsteine und Sandsteine belegt jedoch, daß es sich um dehnungsbedingte Verwerfungen handelt. Beachten Sie, daß im Schnittbild der Abb. C der Versatz des Ganges und der Konglomeratbasis entlang von Verwerfung **1** nicht einheitlich ist. In gleicher Weise differieren die Versetzungsbeträge für die Basis des Sandsteins und des Kalksteins an Verwerfung **2**, eine Situation, die auf wiederholte Phasen der Bewegung entlang diesen Verwerfungen hinweist. Da wir weder Strukturlinien einzeichnen können noch über lineare Elemente verfügen, die auf die Störungsflächen projiziert werden könnten, können wir keine exakten Angaben zu Richtung und Ausmaß der Verschiebungen liefern.

Über Verwerfung **3** können wir nur sagen, daß sie auf Dehnung zurückzuführen ist und die abgesunkene Scholle im Westen liegt. Die

Verwerfungen 4 und 5 versetzen jedoch die Schnittlinie zwischen den Diskordanzen an der Basis der Kalksteine und der Schluffsteine sowie auch einen der Gänge (Abb. C). Der Treffpunkt dieser Schnittlinie zwischen Kalkstein und Schluffstein mit dem Gang stellt jedoch ein Element dar, das vor Anlage der Verwerfung nicht unterbrochen war. Indem wir nun diesen Punkt in jeder der Verwerfungsschollen lokalisieren, können wir die mittleren Verschiebungsrichtungen bestimmen (Abb. C). Bei Störung 5 handelt es sich somit um eine dehnungsbedingte Fläche, auf der die Verschiebung leicht schräg zum Einfallen verlief, während auf der gleichfalls dehnungsbedingten Störung 4 die Verschiebung in wesentlich größerem Winkel zum Einfallen verlief.

Alle im Gebiet auftretenden Störungen sind auf Dehnungsbewegungen zurückzuführen und dürften daher miteinander verknüpft sein. Die listrische Form der Verwerfungen 1 und 2 läßt vermuten, daß sie auch die anderen Verwerfungen unterschneidet (Schnitt in Abb. C) und daß letztere auf den Einbruch der Hangendantiklinale bei fortlaufender Bewegung auf den Verwerfungen 1 und 2 zurückzuführen sind.

Abbildung D zeigt die angenäherte Lage der Achse der Hangendantiklinale und der Scharnierzone der Falten in den Schiefern des Basements. Die Position letzterer wird nicht nur durch Änderungen im Einfallen angezeigt, sondern auch durch Änderungen im gegenseitigen Verhältnis zwischen dem Einfallen der Schieferung und der Schichtung (s. Kapitel 12).

Die Schieferung verläuft parallel zu den Achsenflächen der nach SSE überkippten Falten. Bei den drei Falten im Basement westlich von Verwerfung 5 könnte es sich um dieselben handeln wie östlich von Verwerfung 1. Sollte dies zutreffen, dann steht ihr Versatz im Einklang mit der Beobachtung, daß es sich bei den Verwerfungen des Gebietes um

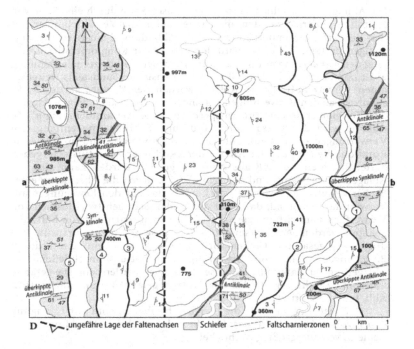

D ungefähre Lage der Faltenachsen ☐ Schiefer Faltscharnierzonen

dehnungsbedingte Abschiebungen handelt, die für die Anlage eines großen N-S-streichenden Grabenbruches verantwortlich sind.

Da die Basis des Konglomerates einen unregelmäßigen Verlauf aufweist, was daran erkennbar ist, daß es Täler westlich von seines geschlossenen Ausstrichs füllt und die älteren Formationen kappt (Abb. B); es muß als eine Talfüllung während einer frühen Phase der Grabenbildung abgelagert worden sein.

Wir können nun die tektonische Geschichte des Gebietes zusammenfassen:

1. Ablagerung der Tonsteine (jetzt Schiefer;)
2. Krustenkompression (etwa N-S-gerichtet), die zur Anlage der Großfalten und der Schieferung führt, dabei südvergente Überkippung;
3. Hebung und Erosion;
4. Ablagerung der Sandsteine (im mittleren Teil des Beckens, eines möglichen initialen Grabenstadiums);
5. Eindringen der Gänge;
6. Bewegungen der Kruste führen zu Wellungen und Erosion;
7. Ablagerung der Schluffsteine, vermutlich nur westlich von Verwerfung 1;
8. Dehnung entlang von Verwerfung 1;
9. Ablagerung des Kalksteins im gesamten Gebiet;
10. Dehnung entlang den Verwerfungen 1 und 2 mit Einbruch der Hangendantiklinale und dabei Anlage der Verwerfungen 3, 4 und 5;
11. Hebung und Erosion;
12. Ablagerung der Konglomerate im Grabenbruch:
13. Reaktivierung der Verwerfungen 1 und 2 bei weiterer Dehnung.

Die Abfolge der einzelnen Verwerfungsphasen kann durch eine Serie von Schnitten illustriert werden, die nacheinander die Verschiebungen auf den Verwerfungen entfernen (Abb. E-I). Abbildung E illustriert den derzeitigen Zustand. In Abb. F wird der Versatz der Konglomeratbasis entlang den Verwerfungen 1 und 2 entfernt, wobei die horizontale Dehnung a' ist und beachtet werden sollte, daß die Basis des Sandsteins weiterhin einen Versatz aufweist. In Abb. G werden der Versatz an der Kalksteinbasis an den Verwerfungen 3, 4 und 5 und dabei auch die überlagernden Konglomerate entfernt, entsprechend einer Gesamtdehnung a". In Abb. H wird der Versatz der Sand- und Schluffsteine entlang den Verwerfungen 1 und 2 entfernt (Gesamtdehnung a''') und in Abb. I die Rotation, die sich bei der Anlage der „Roll-over-Antiklinale" ergeben hatte. Beachten Sie, daß aus Abb. I abgeleitet werden kann, daß die Ablagerung der Sand- und der Schluffsteine durch die Absenkung eines Beckens kontrolliert worden sein könnte, das aus den Bewegungen auf Verwerfung 1 entstand, da keiner der beiden Sedimenttypen östlich von Verwerfung 1 auftritt und sie nach Westen zu anscheinend von Kalkstein gekappt werden. Andererseits könnten diese Sedimente ursprünglich über dem gesamten Gebiet vorhanden gewesen sein, dann durch Bewegungen entlang von Verwerfung 1 verkippt und anschließend vor Ablagerung der Kalksteine teilweise abgetragen worden sein. Die gesamte horizontale Dehnung, die für das Profil abgeleitet werden kann, ist in Abb. I mit **h** markiert.

Rekonstruktionen wie die hier beschriebenen sind zur Erlangung eines vollen Verständnisses für die tektonische Entwicklung eines Gebietes von allergrößter Wichtigkeit.

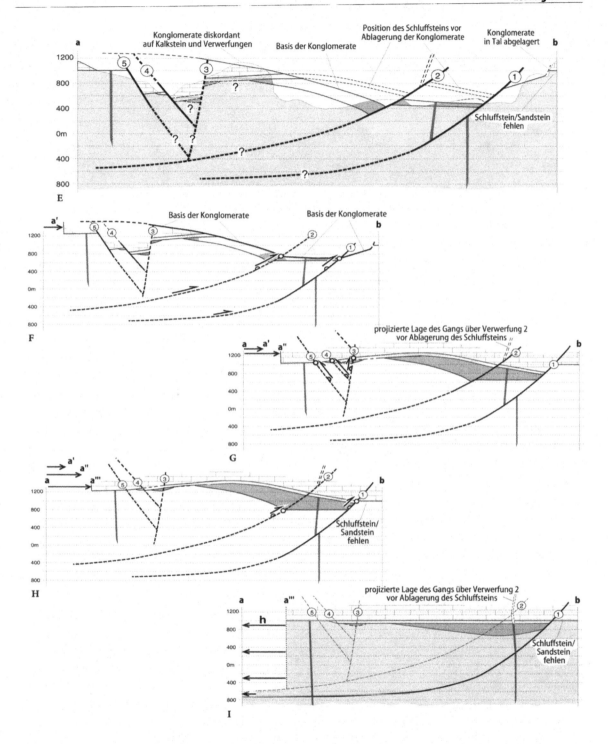

Weiterführende Literatur

BAYLY B (1991) Mechanics in Structural Geology. Springer, New York, pp. 253

COMPTON R R (1985) Geology in Field. Wiley & Sons, New York, pp. 398

DENNIS J G (1987) Structural Geology. An Introduction. Wm. C. Brown Publishers, Dubuque, pp. 448

EISBACHER G H (1991) Einführung in die Tektonik. Enke, Stuttgart, S. 310

McCLAY K R (1987) The mapping of geological structures — Geological Society of London Handbook. Open University Press, Milton Keynes, pp. 161

PARK R G (1989) Foundations of Structural Geology. 2nd ed., Blackie, Glasgow, pp. 148

PRICE N J, COSCROVE J W (1990) Analysis of Geological Structures. Cambridge University Press, pp. 502

RAMSAY J G, HUBER M I (1983) The techniques of modern structural geology, Vol. 1: Strain Analysis. Academic Press, London, p. 307

RAMSAY J G, HUBER M I (1987) The techniques of modern structural geology, Vol. 2: Folds and Fractures. Academic Press, London, p. 489

ROWLAND S M, DUEBENDORFER E M (1994) Structural Analysis and Synthesis (2nd ed.) — A Laboratory course in Structural Geology. Blackwell Scientific Publications, Boston, pp. 279

SUPPE J (1985) Principles of Structural Geology. Prentice Hall, London, p. 537

TWISS R I, MOORES E M (1992) Structural Geology. W.H. Freeman and Company, New York, pp. 532

WOODWARD N B, BOYER S E, SUPPE J (1989) Balanced Geological Cross-Sections: An Essential Technique in Geological Research and Exploration. — AGU, Short Course in Geology, Vol. 6, pp. 132.

Sachverzeichnis